100人の囚人と
1個の電球
One Hundred Prisoners and a Light Bulb

知識と推論にまつわる論理パズル

著●
ハンス・ファン・ディトマーシュ
Hans van Ditmarsch

バーテルド・クーイ
Barteld Kooi

訳●
川辺治之
Haruyuki KAWABE

Translation from the English language edition:
ONE HUNDRED PRISONERS AND A LIGHT BULB
by Hans van Ditmarsch and Barteld Kooi

Copyright © Springer International Publishing 2015
Birkhäuser Basel is a part of Springer Science+Business Media
All Righs Reserved
Japanese translation published by arrangement with Springer
International Publishing AG, a part of Springer Science+Business
Media through The English Agency (Japan) Ltd.

はじめに

　本書では，11種類のパズルを紹介する．それらはどれも，パズルの登場人物が何を知っていて何を知らないかが問題を解く鍵になる．それぞれのパズルは独立した章で詳細に扱い，また，それぞれの章には追加のパズルを含め，その解答は巻末にまとめた．これらのパズルの多くに共通するのは，登場人物が自身の知っていることや知らないことについて発言し，あとになってそれを覆しているようにみえるということである．このような知識パズルは，動的認識論理として知られる論理学の分野の発展に重要な役割を演じてきた．動的認識論理の紹介には，独立した1章を充てている．

　本書の挿絵は，インドのチェンナイに住むタミール語を話すインド人イラストレーターであるエランチェジヤンが描いたものである[1]．本書の著者の一人であるハンス・ファン・ディトマーシュは，チェンナイにある数理科学研究所（IMSc）の研究員でもある．IMScを主宰するラマヌジャムの仲介と，タミール語と英語の通訳をしてくれたシュバシュリー・デシカンの手厚い援助によって，ファン・ディトマーシュはエランチェジヤンと知り合った．どのようにしてそれぞれの章の挿絵が出来上がったかについては，それ自体に物語があり，この共同の取り組みに不可欠であったエランチェジヤンの仕事に深く感謝する．

　1）編集部注：邦訳版イラストは平田利之氏によるものです．

原稿の最終版の校正に多大な努力を払ってくれたポール・レブリーとヴァイシュナヴィ・スンダララジャンには感謝したい．ピーター・ファン・エムデボアスは，連続する自然数の謎解きの歴史に関して精力的に詳細な情報を提供し，本書の執筆を大いに手助けしてくれた．また，このプロジェクトの開始に際して後押しをしてくれた，シュプリンガー社のエイリアン・マンにも感謝したい．ナンシー国立高等鉱業学校のニコラス・メイヤーは，ファン・ディトマーシュがそこで講義を行った時に，囚人たちによる点灯・消灯の取り決めに含まれる厄介な誤りを発見してくれた．これは，本書の原稿を提出するわずか 2, 3 週間前であった．彼以外にもこうした人はたくさんいる．大学や夏期講座などで論理学とパズルを教えてきた 25 年間すべてに遡るとしたら，謝辞をのべることになる学生や同僚たちの一覧はもっと長くなるだろう．そのごく一部を紹介することで，こうした人たち全員に感謝したい．それでも，まだ多くの誤りが残っているだろう．これらの責任はすべて著者らに帰するものである．

フランス，ナンシーおよび	ハンス・ファン・ディトマーシュ
オランダ，グローニンゲンにて	バーテルド・クーイ
2014 年 12 月 25 日	

目次

はじめに……i

第1章 連続する自然数……1
- **1.1** どの数の可能性があるか……2
- **1.2** アンやビルが知っていること……4
- **1.3** 有効な情報を与える発言……6
- **1.4** 関連問題……11
- 問題の成り立ち……13

第2章 予期できない処刑……17
- **2.1** いかにして秘密を守るか……18
- **2.2** 遥かなる橋……21
- **2.3** 関連問題……24
- 問題の成り立ち……26

第3章 泥んこの子供たち……27
- **3.1** 泥んこかそうではないか，それが問題だ……28
- **3.2** 同時の行為……32
- **3.3** 関連問題……41
- 問題の成り立ち……44

第4章 モンティ・ホール問題……47
- **4.1** もっともよい質問は何か……48
- **4.2** なぜ選ぶ扉を変更したほうがよいのか……51
- **4.3** 関連問題……53
- 問題の成り立ち……55

第5章 ロシア式カード……57
- **5.1** 自分が言う事を分かっておいたほうがよい……59
- **5.2** ほかのプレーヤーが何を知っているかを知る……67
- **5.3** 問題の解答……72
- **5.4** 関連問題……77
- 問題の成り立ち……79

第6章 足し合わせた数は誰の額に？ ……81

- **6.1** 不確実性の木構造………82
- **6.2** 有効な情報を与える発言………85
- **6.3** 問題の解答………88
- **6.4** 関連問題………90
- 問題の成り立ち………92

第7章 和と積 ……93

- **7.1** はじめに………94
- **7.2** あなたがそれを知らないことを私は知っている………95
- **7.3** あなたがそれを知らなかったことを私は知っていた………97
- **7.4** 和と積の解答………99
- **7.5** 関連問題………106
- 問題の成り立ち………107

第8章 2通の封筒 ……111

- **8.1** 大きな期待………112
- **8.2** 微妙な誤り………113
- **8.3** 関連問題………115
- 問題の成り立ち………115

第9章 100人の囚人と1個の電球 ……117

- **9.1** たった1ビットでどうやって100まで数えるか………118
- **9.2** 囚人が一人の場合………119
- **9.3** 囚人が二人の場合………119
- **9.4** 囚人が3人の場合の取り決め………120
- **9.5** 抜け道禁止………123
- **9.6** 囚人が100人の場合の解………124
- **9.7** 関連問題………127
- 問題の成り立ち………135

第10章 ゴシップの拡散……137
- 10.1 ゴシップ拡散の取り決め……138
- 10.2 誰に電話をするかどうやって知るか……143
- 10.3 知識とゴシップ……146
- 10.4 関連問題……154
- 問題の成り立ち……156

第11章 クルード……157
- 11.1 はじめに……158
- 11.2 そのカードのどれも持っていない……160
- 11.3 カードを見せる……162
- 11.4 私は勝つことができない……164
- 11.5 クルードで(一度だけ)勝つ方法……168
- 11.6 関連問題……174
- 問題の成り立ち……175

第12章 動的認識論理の概要……177
- 12.1 はじめに……177
- 12.2 認識論理……178
- 12.3 多重エージェント認識論理……184
- 12.4 共有知……187
- 12.5 公開告知……191
- 12.6 不成功更新……203
- 12.7 認識行為……211
- 12.8 信念改訂……219
- 12.9 動的認識論理を越えて……223
- 12.10 歴史的経緯……224

パズルの解答……231
参考文献……265
訳者あとがき……275

第1章

連続する自然数

Q アンとビルは，次のように言われる．「連続する二つの自然数があります．これから，二つの数の一方をアンの耳元で囁き，もう一方をビルの耳元で囁きます」そして，言われた通りのことが実際に行われた．ここで，アンとビルは，次のような会話を交わした．

アン「私はあなたの数が分からないわ」

ビル「僕も君の数が分からないよ」
アン「私はあなたの数が分かったわ」
ビル「僕も君の数が分かったよ」

二人とも，会話の前には相手の数は分からなかったが，この会話によって分かるようになった．こんなことがありえるのだろうか．また，この二つの数の一方はいくつであろうか．

自然数とは，$0, 1, 2, 3, \cdots$ と続く数である．二つの自然数の差が 1 であるとき，その二つは連続するという．この謎解きを正確に述べるために重要なのは，アンとビルはこの筋書きを同時に知らされたということであり，また，二人がこの筋書きを知らされたことを互いに知っていて，そのこともまた知っていて，……とどこまでも続くことだ．それで二人は，たとえば紙に書かれた指示を受け取ったのではなく，その説明を話として聞いたという設定なのである．また，それぞれの数は二人の耳元で囁かれている．このように耳元で囁くという行為によって，二人がその情報を受け取ったという共有知が作られる[1]．この謎解きの状況設定は，アン，ビル，情報を告げる話し手の 3 人がテーブルの周りに座っているところを想像すればよい．話し手が身を乗り出してアンの耳元で一方の数を囁き，それに続けて，身を乗り出してビルの耳元でもう一方の数を囁く，ということになる．

1.1 どの数の可能性があるか

この話の筋に沿って段階的に分析することで，この謎解きを解

---

[1] 訳注：前述のように，何人かの登場人物がある情報を知っていて，またお互いがそう知っていることも知っていて，……とどこまでも続くとき，この情報を共有知という．詳細については 12.4 節を参照のこと．

こう．まず，最初の情報は

　　　二つの数は自然数である．

というものだ．まだこの二つの数がいくつであるかは分からないが，これに関連して二つの変数があることがすぐに分かる．それは，アンが聞くことになる数 x と，ビルが聞くことになる数 y である．そして，対 (x,y) を求めるのが問題である．また，x と y がともに**自然数**，すなわち $0,1,2,3,\cdots$ のいずれかであることも分かっている．したがって，この対としてありえるのは，$(0,0),(0,1),(1000,243)$ などということになる．もちろん，このような対は無限に存在する．このような対全体で構成される状態空間は，次の図のように表される．ただし，対 (x,y) を xy と略記することにし，また見やすいようにそれらを格子状に並べる．

```
  ⋮   ⋮   ⋮   ⋮   ⋮
 04  14  24  34  44  …
 03  13  23  33  43  …
 02  12  22  32  42  …
 01  11  21  31  41  …
 00  10  20  30  40  …
```

数の対 $(1,2)$ と $(2,1)$ は同じではない．それぞれの対の左側の数はアンが聞くことになる数で，右側の数はビルが聞くことになる数である．したがって，$(1,2)$ の場合，アンは 1 を聞くことになり，$(2,1)$ の場合，アンは 2 を聞くことになる．

　次の情報は

　　　この二つの数は連続した数である．

というものだ．これは，数の対 (x,y) としてありうるのは，$x = y+1$ か $y = x+1$ に限るということである．したがって，次の対だけが残る．

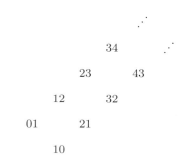

1.2 アンやビルが知っていること

ここまでは，読者の視点に，アンやビルの視点と異なるところはない．二つの数は自然数で，それらは連続している．これが，考慮しなければならない可能性すべてである．この中のどの対であるかを見分けることはできない．次の情報によって，読者の視点は，アンやビルの視点とは異なるものになる．

> 「二つの数の一方をアンの耳元で囁き，もう一方をビルの耳元で囁きます」そして，言われた通りのことが実際に行われた．

たとえば，アンの耳元で囁かれた数が 5 で，ビルの耳元で囁かれた数が 4 だとしよう．5 を聞いた後では，アンはビルの数が 4 か 6 であることが分かる．そこで，アンは，$(5,4)$ と $(5,6)$ 以外の数の対をすべて除外することができる．ビルからみた状況は，

アンからみた状況とは異なる．ビルが聞いた数は 4 なので，ビルの視点で残った数の対は $(5,4)$ と $(3,4)$ である．読者は，数の対をひとつも除外することはできない．しかし，読者にも分かったことがある．それは，アンとビルが数の対について何らかのことを知り，またそれを知ったということを互いに知ったということである．与えられた連続する数の対の集合に対して，この情報の変化を見えるようにすることができる．二人の耳元で数が囁かれた後でもアンやビルに見分けられない数の対を示せるのである．アンには見分けられない対を a とラベル付けした辺で結び，ビルには見分けられない対を b とラベル付けした辺で結ぶ．すると，次の図が得られる．

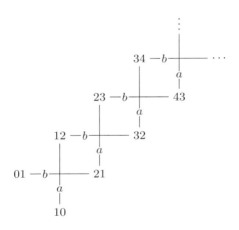

紙面を節約するために少し回転させた次の図を用いることもある．

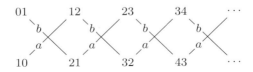

得られたのは，単に辺のラベルが交互になった二つの無限に長い数の対の連鎖である．その連鎖の一方は次のようなものである．

$$10 \mathrel{-\!a\!-} 12 \mathrel{-\!b\!-} 32 \mathrel{-\!a\!-} 34 \mathrel{-\!b\!-} \cdots$$

この時点で，アンの視点とビルの視点は互いに異なり，それはまた読者の視点とも異なる．二人の耳元で囁かれる前には，アンもビルも読者にもすべての数の対の可能性が等しくあった．二人の耳元で囁かれた後も，読者にとっては依然としてすべての数の対に可能性がある．それは，3 と 4 かもしれないし，5 と 4 かもしれないし，89 と 88 かもしれない．しかし，アンとビルにとってはもはやそれらすべての可能性があるわけではないのだ．もしアンの数が 3 ならば，ビルの数は 88 でなく，2 か 4 でしかありえないことがアンには分かる．読者として分かっているのは，この時点でアンとビルがこのような知識をもっているということである．

1.3 有効な情報を与える発言

前述のような図を，謎解きの初期状態を記述する**モデル**とよぶ．問題の記述にある情報を順次加えることで，段階的にこのモデルを変更してきた．その変更には 2 種類ある．一つは数の対（たとえば，連続する整数ではない対）を除去することで，もう一つはアンやビルにはどの数の対を見分けられるか（たとえば，アンは $(2,3)$ と $(5,6)$ を見分けられるが，$(2,3)$ と $(2,1)$ は見分けられない）を示すことである．問題を解くために次にやるべきことは，アンとビルのそれぞれの発言をこうしたモデルの変更へと翻訳する．この謎解きでは，この後の変更は，すべて前者の，数の対の除去である．ここでの鍵となる見方は，アンとビルの発言を，最初にアンとビルに説明をした無名の話し手の「発言」と同じように扱うということだ．アンとビルは二人とも自分自身の発言を聞き，その

発言を相手が聞いていることも分かり，相手がそう分かっているということも分かり，……とどこまでも続く．そして，読者もまた，彼らの発言を「聞いている」ということができる．読者自身を，最初の話し手とアンとビルの会話や，それに続く彼らの発言に立ち会った無言の第三者だと考えてみよう．まず，最初の発言を取り上げる．

　　　アン「私はあなたの数が分からないわ」

どういう場合に，アンには，ビルの数が何であるか分かるだろうか．アンの聞いた数が 0 だったとしよう．アンは，ビルの数がアンの数より 1 だけ大きいか，または 1 だけ小さいかのいずれかであることを知っている．しかし，ビルの数は -1 ではありえない．なぜなら，それは自然数ではないからである．したがって，残る可能性はビルの数が 1 ということだけである．こうして，アンはビルの数が 1 であると**分かる**．しかしながら，「私は，あなたの数が分からないわ」とアンが言ったのであるから，対 $(0,1)$ を除外することができる．これは，読者だけでなく，ビルにとっても同じである．アンは声に出して言ったのであるから，このモデルの変化は（アンにとってもビルにとっても）公開されたものである．もしアンが，たとえばこれを紙片に書いたのだとしたら，そのメッセージがビルに届いたかどうかアンには分からないかもしれないし，アンがこのメッセージがビルに届いたと分かっているかどうかもビルには分からないかもしれない．このメッセージは，公開されてはいないのである．この変化が公開されたものだとすると，その結果は次のようになる．

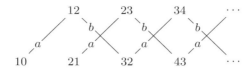

これは別のモデルであり,そこで成り立つ命題は元のモデルとは異なるかもしれないと理解することが重要である.前のモデルでは偽であった命題がこのモデルでは真であるかもしれないし,前のモデルでは真であった命題がこのモデルでは偽であるかもしれない.今は「私は,あなたの数が分からないわ」と言ったが,のちに「私は,あなたの数が分かった」と言うのは,矛盾しているように見えるだけで,実際には矛盾ではない理由がこれで説明できる.これらは,異なるモデル(情報状態)について述べているからである.こうした発言は,私たちにとって数の対に関する不確定性を解消するのに役立つ.同様に,アンとビルにとっても数の対に関する不確定性を解消するのに役立つ.次の発言を調べることで,分析を進めよう.

ビル「僕も君の数が分からないよ」

ビルは,どういう場合にアンの数が何であるかが分かるだろうか.それには2通りの場合がある.まず,対が $(2,1)$ であれば,ビルはアンの数が分かる.ビルの数が1であれば,ビルはアンの数が0か2のいずれかであると推測できる.しかし,アンの(最初の)発言の後では,アンの数は0でありえないから,可能性として2だけが残る.したがって,ビルはアンの数が2だと分かる.しかし,ビルにアンの数が分かるもう一つの場合がある.それは,$(1,0)$ の場合である.この場合には,$(0,1)$ の場合にアンが考えたの同じように,アンの数として -1 はありえないことから,

ビルにはアンの数が 1 だと分かる．ビルは「僕も，君の数が分からないよ」と言ったのであるから，これら 2 通りの対はどちらも実際の対にはなりえない．この結果の状況は次のようになる．

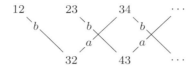

そして，3 番目の発言に取りかかろう．

  アン「私はあなたの数が分かったわ」

このモデルで，対が $(2,3)$ や $(1,2)$ の場合には，アンにとってビルの数は一意に決まるから，この発言が成り立つことが分かる．このことは，次のような妥当な論証からも結論することができる．たとえば，対が $(2,3)$ の場合は，次のとおりである．

  アンの数が 2 ならば，アンはビルの数が 3 だと分かる．なぜなら，ビルの数が 1 だとすると，ビルの最初の発言でアンの数が分かったと言ったはずだからである．しかし，実際には，ビルはそうは言わなかった．

アンがこう発言したことから，これ以外の対の場合はありえない．したがって，この結果として生じるモデルは次のようになる．

    12   23

これは，二人の数が 1 と 2 であれば，アンとビルは，それが分かり，相手がそれを分かっていると分かり，……というように続く

ことを表している．これは，二人の間の共有知ということである．二人の数が 3 と 2 であっても，二人はその数について共有知をもつ．モデルに (1,2) と (2,3) の二つの対があるが，これは二人の数がそれぞれ 1 と 2 であるときに，アンやビルが二人の数がそれぞれ 2 と 3 でもあるかもしれないと考えるわけではない．このモデルには，a や b をラベルとする辺はない．しかし，読者には，この二つの対のどちらが実際の対であるかを決めることはできない．ここで，最後の発言を考えよう．

　　　ビル「僕も君の数が分かったよ」

残った二つの対のいずれにおいても，この命題は成り立つ．したがって，モデルに変化はない．この最後の発言はなにも情報を与えないと言うことができる．アンはすでにビルがアンの数を分かっていることを分かっているし，二人はそのことも分かっている．

　これで，この謎解きが解けた．四つの発言はどれも正しかった．この謎解きでは，「私はあなたの数が分からない」と「私はあなたの数が分かった」という発言の間に矛盾は生じない．なぜなら，これらの発言は，異なる状況で発せられたものだからだ．以前は真であったことが，のちには偽となりうる．この四つの発言がなされたあとに残った数の対は，(1,2) と (2,3) である．この二つの対のどちらであるかを決めることはできない．しかし，2 は両方の対に含まれており，それゆえ，二つの数のうちの一方は 2 であることは確かである．

1.4 関連問題

Puzzle 1

実際の数の対が，1と2でも，2と3でもなく，4と5であったとしよう．このとき，元の問題の四つの発言はもはや本当のことではなくなる．何がうまくいかないのだろうか．アンとビルは，「私はあなたの数が分からない」と何回繰り返せば，相手の数が分かるようになるのだろうか．そして，それが分かるのは誰だろうか．

Puzzle 2

この謎解きは，次のような違ったやり方で表現することもできる．
アンとビルの**それぞれの額**に**自然数が書かれている**．その自然数は連続する2数である．そこで，アンとビルは次のような会話を交わした．
　アン「私は**自分の数が分からない**わ」
　ビル「僕も**自分の数が分からない**よ」
　アン「私は**自分の数が分かった**わ」
　ビル「僕も**自分の数が分かった**よ」
この定式化では，解法にどのような違いが生じるだろうか．

Puzzle 3

二人の自然数が連続する数でなく，差が2だったとしよう．すると，この謎解きは次のようになる．
アンとビルは，次のように言われる．「二つの自然数があり，それらの差は2です．これから，二つの数の一方をアンの耳元で囁き，もう一方をビルの耳元で囁きます」そして，言われた通りのことが実際に行われた．ここで，アン

とビルは次のような会話を交わした．

　アン「私はあなたの数が分からないわ」
　ビル「僕も君の数が分からないよ」
　アン「私はあなたの数が分かったわ」
　ビル「僕も君の数が分かったよ」

この場合には，モデルはどうなるだろうか．そして，そのモデルは，二人の発言によってどのように変化するだろうか．また，m を自然数として，二人の数の差が m だとしたら，どうなるだろうか．

Puzzle 4

このゲームに3人目のキャサリンが参加したとしよう．すると，この謎解きは次のようになる．

アン，ビル，そして**キャサリン**のそれぞれの額に自然数が書かれている．その三つの自然数は連続した数である．たとえば，それぞれの数が 3, 4, 5 であったとしよう．このとき，アン，ビル，キャサリンの間で，自分の数を知っているとか知らないということに関してどのような会話がされうるだろうか．

Puzzle 5

アンとビルのそれぞれの額には自然数が貼られている．その二つの数の和は 3 か 5 に等しいことが分かっている．アンとビルは，交互に自分の数か分かったかどうかを発言する．このとき，二人の会話は次のようになることを示せ．

　アン「私は自分の数が分からないわ」
　ビル「僕も自分の数が分からないよ」
　アン「私は自分の数が分かったわ」
　ビル「僕は自分の数が分からないよ」

(これは，[20] にちなんだ問題である．次節を参照のこと．)

問題の成り立ち

この謎解きの出典は，[63, p.4] にはっきりと見ることができる．

> 裏と表それぞれに 1 と 2 と書かれたカードが何枚でも供給される．2 と 3 と書かれたカード，3 と 4 と書かれたカード，なども同様である．審判は，そこから無作為に 1 枚のカードを引き，カードのそれぞれ片面がプレーヤー A と B に見えるよう，二人の間でカードを持つ．いずれのプレーヤーも勝負を拒否することができる．しかし，勝負になれば，大きいほうの数を見ているプレーヤーの勝ちとなる．ここで重要なのは，どの勝負もどちらかのプレーヤーが拒否するということである．もし A が 1 を見ているならば，もう一方の面は 2 であるから，A は勝負を拒否するにちがいない．A が 2 を見ているならば，もう一方の面は 1 か 3 である．もし 1 であれば B は勝負を拒否するに違いない．B が勝負を拒否しないならば，A は拒否しなければならない．そして，帰納法によって，これがどこまでも続く．

この問題では，「解」は存在しない．（すべての勝負は拒否される．） カードの片方の面の数 x を見ているプレーヤーは，反対の面が $x+1$ なのか，それとも $x-1$ なのかは分からない．1 が見えているプレーヤーだけが，反対側の面の数が分かる．具体的には，反対側の面が 2 だと確信でき，勝負を拒否すると言うことができる．（それが 0 であることは除外されているからである．） しかし，拒否するかどうかをどちらのプレーヤーが先に決めなければならないかは曖昧である．[35] では，この問題に対する扱いは少し異なる．

> あなたは，次のようなゲームの二人の参加者のうちの一人である．審判は，連続する二つの正整数をまったく無作為に選び，その二つの数を紙片に書き，それを 1 枚ずつ無作為にそれぞれの参加者に手渡す．それぞれの参加者は手渡された紙片に書かれた数を見て，勝負に同意するかあるいは拒否する．二人の参加者が同意したならば，大き

い数を持っている方が，相手にその金額を支払わなければならない．あなたは，予想される支払いがあなたに得になるときだけ，勝負に同意する．あきらかに，あなたの数が 1 ならば，勝負に同意するだろう．それ以外の数で，あなたが勝負に同意すべき数は何であろうか．支払いの資金は無限にある，すなわち，いくら大きい数だとしても，支払いは可能だと仮定する．

この謎解きのさらに一般的な変形が，「頭痛を起こさせる問題」[20] で論じられている．これは，「ヘンドリック・W・レンストラの博士論文発刊に寄せた」記念論文集に寄稿されたものである．論文の体裁は気楽な雰囲気で，たとえば，3 人目の著者の頭文字はソビエト連邦の略記 U.S.S.R. になっている．これは，(ファン・エムデボアスが最近気づいたように) パターソンとコンウェイがモスクワの空港で乗り継ぎを待つ間にこの謎解きを論じたことによる．

n 人のプレーヤーの額にはそれぞれ自然数がひとつ書かれている．その n 個の数の合計は，与えられた高々 n 個の数のどれか一つに等しいことが分かっている．ここで，n 人のプレーヤーは順番に，その中の誰か一人が自分の数が分かったと言うまで，自分の数が分かるかどうかを発表する．この中の一人がいつかは自分の数が分かることを証明せよ．

一連の出典のうち最後に刊行されたのは，ファン・エムデボアス，グローネンディック，ストックホフによる「コンウェイ・パラドックス：認識的枠組みにおける解法」である．これは 1980 年にアムステルダム会議で元々発表され，その後 1981 年に *Mathematical Centre Tract* 135 号に掲載され，最終的には [115] で書籍として刊行された．この書籍は，動的認識論理の重要な先駆けである．また，歴史的経緯も非常に正確に述べられており，ここで記している概要もそれに基づいている．これが発刊されて以降，連続する自然数の謎解きは**コンウェイ・パラドックス**として知られるようになった．しかし面白い話がさらにある．奇妙なことだが，この連続する自然数の謎解きが，今ではコンウェイ・パラドックスとして知られているにもかかわらず，これはコンウェイらが述べた問題 [20] の**特別な場合ではなく**，したがって，ファン・エムデボアスも認めるように，連続する自然数の謎解きに対して「コンウェイ・パラドックス」はまったく間違った呼び名なのである．

元の問題で，たとえば，アンの額には3と書かれていて，ビルの額には2と書かれているとすると，二人は二つの数を確定することはもちろんできないし，それゆえ，二つの数の和も確定できないが，コンウェイらの問題と異なるのは，和になりうる値が3通り以上あることである．アンは，その和が5か3のいずれであるかを確定できず，一方，ビルは，その和が5か7のいずれであるかを確定できない．そして，もちろん，その和が5か3のいずれであるかをアンが確定できないのか，それとも7か9のいずれであるかをアンが確定できないのかも，ビルには確定できず，……とどこまでも続く．ここでは，その和に無限の可能性があることが鍵となっている．

（ファン・エムデボアスらがその時点で間違いなく考えていたように）もっと抽象的なレベルでは，もちろんこれらの問題には対応がある．これについては，パズル5を参照のこと．

第2章

予期できない処刑

Q 裁判で，囚人が裁判官に死刑を宣告された．判決には「来週の月曜日から金曜日までの間に，あなたは処刑される．しかし，その処刑される日は予期できない」と書かれていた．囚人は次のように推論した．「私は金曜日に処刑されることはない．なぜなら，そうだとすると，私は木曜日が終わったときにそれを予期できるからだ．しかし，金曜日

を除外すると，私は木曜日にも処刑されることはない．なぜなら，この場合も，私は水曜日が終わったときにそれを予期できるからだ．これが同じように続く．それゆえ，処刑が行われることはない」ところが，処刑は水曜日に行われ，囚人はそれを予期できなかった．

こうして，結局，裁判官の言ったことは正しかった．囚人の推論のどこが間違っていたのだろうか．

囚人の論証は，非常に説得力がある．一見すると，これに反論の余地はまったくないように思われる．そうだとしても，その結論が正しくはなりえない．囚人は，木曜に処刑が行われることを除外し，水曜日に行われることも除外し，と続けた．しかし，実際には，処刑は水曜日に行われた．間違いがどこにあるかを明らかにするのは簡単ではない．それゆえ，まさにこれはパラドックスと呼ばれるのだ．囚人の推論に間違いを見つけるために，まず「秘密」とは何かを定義する必要がある．というのも，当初，処刑の日は**秘密**にされていたからである．

2.1 いかにして秘密を守るか

(あなたが誰に恋をしているかというような) 秘密を守る最良の方法は，それを誰にも決して言わないことである．これは，言うは易し，行うは難しである．あなたの頭がこの秘密でいっぱいになっていたら，気づかないうちにその秘密をうっかり漏らしてしまうかもしれない．そして，そうなったら，もはや秘密ではなくなる．誰かが，なぜあなたはいつも窓から遠くを眺めているのかとたずねるかもしれない．もちろん，あなたは，それは秘密にしていることがあるからだと答える．しかし，そうすることで秘密の度合が下がってしまう．あなたが本当に秘密を守りたいのなら

ば，そのことについてひとことも触れるべきではない．そうしてしまうと，その秘密を暴かれる危険を冒すことになるからだ．

あなた自身の秘密について独り言を言うのも，よくない．この種の古典として，グリム兄弟によるグリム童話 [42] の登場人物ルンペルシュティルツヒェン（アメリカのテレビドラマ「ワンス・アポン・ア・タイム」でも，ルンペルシュティツキンとして新たな人気を博している）がある．お后は，最初に生まれた子供をルンペルシュティルツヒェンに渡すと約束した．これには免責事項があった．お后がルンペルシュティルツヒェンの名前を正しく言い当てれば，子供を渡さなくてもよいのだ．お后は 3 回，名前を言うことができる．最初の 2 回ははずれた．緊張が高まる．ここで，お后の使いが森で茂みの影に隠れてあることを見ていたとお后に伝える．変な男が大声でこう歌いながら踊っていたというのだ．

> Heute back ich, morgen brau ich,
> übermorgen hol ich der Königin ihr Kind;
> ach, wie gut dass niemand weiß,
> dass ich Rumpelstilzchen heiß!

幸運にも，お后の使いはドイツ語が理解できたので，それを次のように翻訳することができた[1]．

> 今日はパン焼き，明日は酒づくり，
> あさってはお后の子をとってくる．
> やれ，ありがたや．だあれも知らぬ，
> おれの名前がルンペルシュティルツヒェンとはな．

---

1) 訳注：邦訳は野村泫訳『決定版完訳グリム童話集 3』（筑摩書房，1999）による．

もちろん，この歌を歌っていたのはルンペルシュティルツヒェンで，お后は彼の名前が分かり，3回目で名前を言い当てた．「お前の名前は，ルンペルシュティルツヒェン」彼が口さえ閉ざしていれば，秘密は保たれていただろうに．

歌の最後の2行は，「私の名前がルンペルシュティルツヒェンだと誰も知らない」と言い直すと分かりやすい．この文は，おかしいことに，ルンペルシュティルツヒェンがこれを歌っていたことが理由で偽になってしまう．歌を歌ったあとでは，もはや，彼の名前がルンペルシュティルツヒェンだと誰も知らないということはない．彼の名前は后の使いに知られてしまったのだ．この現象は極めて特殊である．どうやらある種の言葉（「私がステファニーに恋をしていることは誰も知らない」というような）は，それを言うことはできるのだが，そう言うと，それは偽になってしまうようだ．（すぐさま，ステファニーを含めた全員に，私がステファニーに恋をしていることを知られてしまう．）通常は，何らかのことを言った場合，そう言った後でもそれは真である．しかし，例外的な場合には，偽になるようである．

この童話と処刑にどんな関係があるというのだろうか．処刑の日は，裁判官によって秘密にされていた．そして，囚人は，その正確な日を推測することしかできない．裁判官は，どの日に処刑を行うかは言っていない．処刑の日は予期できないと裁判官が言うことは何を意味するのか．あることが予期できないというのは，それが起こると考えなかったあることが起きるということだ．囚人の推論における「予期できない」は，完全に**知識**に関する言葉に翻訳できる．処刑は予期できない．なぜなら，囚人は処刑の日をあらかじめ**知って**はいないからである．あなたが秘密を誰かに話したら，ルンペルシュティルツヒェンの秘密と同様，もはや秘密は秘密ではなくなる．同様にして，予期できないことを公言したら，もはやそれは予期できないことではなくなる．あな

たが，誰かを薔薇の大きな花束で驚かせたいのであれば，素振りからでもそう見えるようにしてはいけない．あなたが「明日，私は薔薇の大きな花束でステファニーを驚かす」と言えば，それをステファニーが聞いたら驚きはなくなる．ルンペルシュティルツヒェンが「私の名前がルンペルシュティルツヒェンだと誰も知らない」と言えば，誰かがそれを知ってしまうかもしれない．

2.2 遥かなる橋

処刑の日は予期できないだろうと裁判官が言ったとき，その予期できないことが水泡に帰す危険を裁判官は冒している．処刑について裁判官は何も言わず，それが来週行われるということすら言わなければ，それが問題になることはなかっただろう．そうすれば，囚人は確かに予期せずに処刑されたはずである．

囚人が推論の中で犯したであろう間違いは，裁判官が処刑が予期できないと告知することでそれを台無しにしたかもしれないと囚人が気づいていないことである．処刑の日は予期できないと裁判官が言う前は，囚人は，月，火，水，木，金のいずれの日にも処刑される可能性があると考えていた．ここで，処刑の日に関して何も告知されなかったと仮定しよう．すると，木曜日の夜には囚人は処刑が金曜日に行われると分かるだろう．そうすると，これは予期できない処刑ではなくなる．それ以外の日に処刑されるなら，それは予期できない処刑である．このことは，裁判官も知っている．しかし，処刑が予期できないと囚人に言うことで，裁判官は，予期できない処刑を台無しにしている．裁判官の告知は，金曜日に処刑することを不可能にする．それゆえ，水曜日の夜にまだ囚人が処刑されていなければ，その時点で囚人は木曜日に処刑されるにちがいないと結論する．したがって，この時点で，金曜日ではなく木曜日が特別な日になる．

囚人はさらに論証を進めるが，しかしながら，これは進めすぎである．囚人は，裁判官の告知後でさえ，処刑の日は予期できないと考えている．そして，それゆえ，囚人は金曜日だけでなく，木曜日，水曜日，火曜日，そして月曜日も除外できると考える．しかし，それはやり過ぎである．除外できるのは金曜日だけなのだ．

　実際，処刑は水曜日に行われた．したがって，囚人がほかに情報を得ていなければ，これはやはり予期できない処刑だったことになる．

　これを，モデルを構築することで説明しよう．当初，囚人は翌週（の月曜日から金曜日）のいずれかの日に処刑されることだけを知っていると仮定する．したがって，裁判官が告知する前には，処刑の日は予期できない．この場合，翌週が経過するに従って囚人の情報はどのように変化するだろうか．これは，処刑を行うことのできる日を示した図を見れば分かる．二つの出来事が囚人にとっての不確定性を減らしうる．その一つは日没である．日没になると，その日の処刑は除外され，したがって不確定性は減る．しかし，処刑そのものも，処刑がその日であることを確実にするので，したがって不確定性をなくすのである．ちょっと待て，処刑されて死んだ囚人にとって，自分は木曜日に処刑されたのだと金曜日に知っていることに何の意味があるのか．死んだ囚人は何も知ることはないではないか．この反論はもちろん正しいが，それはこの謎解きの状況設定のために意図せずそうなってしまっただけなのである．このパズルの変形には，教師が行う生徒に予期できない試験を主題にした謎解きがある．この場合には，生徒は金曜日になっても，試験が木曜日に行われたことを知っている．こう考えてみてもよい．読者自身が，この状況を目の当たりにした問題解決者であって，その知識がモデル化されていると想像してみよう．この問題の解決者は，囚人が木曜日に処刑されたこと

第 2 章 予期できない処刑

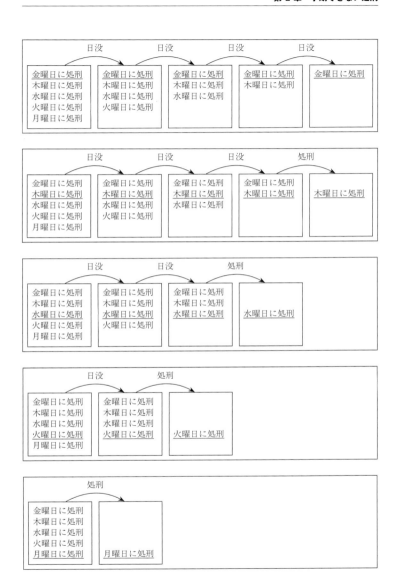

を金曜日になっても知っている．

図中の五つの筋書きの中で注目すべきは，囚人にとって，実際の処刑が処刑の日に関する不確定性を取り除かない場合は一つだけだということである．それは，はっきり言えば，金曜日に処刑される時である．なぜなら，その場合（だけが），処刑が金曜日に行われると囚人が前の日の夜に断定できるからである．したがって，囚人にとって，処刑が予期できる日は，金曜日だけである．裁判官が処刑は予期できないと告知したとしたら，これによって金曜日の処刑は除外される．

裁判官の告知後には，必ずしも処刑が予期できない必要はない．しかしこのとき，前述の図で，処刑が予期できる別の筋書きは一つである．それは，金曜日が除外されていて，木曜日に処刑される場合である．囚人はそれを前もって知らないが，水曜日の夜には木曜日に処刑されるだろうと知る．

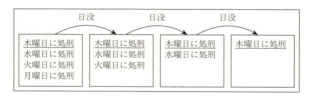

2.3 関連問題

Puzzle 6

「処刑はどの日か」という質問に対して，裁判官が「それは予期できるだろう」と答えたとする．それでは，処刑はどの日に行われることになるだろうか．

この謎解きの別の言い替えとして，裁判官が処刑の日は予期で

きないと囚人に言うのではなく，教師が「来週試験を行うが，君たちはその試験の日を予期できない」と授業で言うものがある．もちろん，この場合も，金曜日には試験ができないと生徒たちは分かるだけである．この章の謎解きはそれゆえ，「予期できない試験のパラドックス」としても知られている．この形式の他の変形について論じよう．

Puzzle 7

アリス先生は，試験は翌週に行うとだけ言い，その試験が予期できないとは言わなかったとしよう．昼休みに，生徒のリネケは職員室のそばを通りかかって，アリス先生が同僚に「来週，授業で試験を行うが，試験を行う日は生徒たちには予期できない」と言っているのを小耳に挟む．アリス先生は，リネケがそれを聞いたことに気づいていない．リネケが，この情報に基づいて，試験の日を推論することはできるだろうか．

しかし，話はこれだけで終わらない．昼休みの後，リネケはアリス先生に「先生が来週の試験の日は予期できないと言っているのを聞いた」と言ったからだ．アリス先生はそれを認めた．しかしながら，その日の遅く，アリス先生は自転車置き場から自転車を出そうとしている時に，同じように帰ろうしている同僚の先生と会って，リネケが昼間の会話を聞いていたと伝え，こう言う．「しかし，それでも試験の日は予期できないのよ」残念なことに，この会話もまたリネケに聞かれてしまった．これで，リネケは試験の日を推論することができるだろうか．

問題の成り立ち

　第二次世界大戦中，スウェーデンの数学者レナート・エクボムは，翌週の軍事演習を告知する無線の指令を耳にした．軍事演習は，もちろん，予期できないように行われる．エクボムは，この指令が逆説的にみえることに気づいた [59][89, p.253]．そして，[75] でこのパラドックスが発表された．この発表に対する反応の一つとして，その演習はそれでも行われることが言及され [81]，これによってさらに逆説的になった．

　このパラドックスには，数多くの変形があり，もっともよく知られているのは，翌週に試験を行うがその試験の日は予期できないと教師が授業で言う「予期できない試験」である．（この初出は [121] である．） 本章で示した「予期できない処刑」の初出は [78] である．

　「予期できない」をどのように解釈するかによって，このパズルの取扱いはさまざまである．数多くのやり方で，これを取り扱うことができる．その一つは，演繹可能性によるもの（正確な処刑の日は，裁判官が言ったことから**演繹できない**）である．このやり方は，[86] によって進められた．しかし，もちろん「予期できない」は「不知」，すなわち，知識の欠如と解釈することもできる．本書では，このように解釈した．「囚人は予期できない」というのは，いつ処刑が行われるのかを囚人が前もって知ることはないという意味である．

　1948 年以来，処刑のパラドックスに関して 100 本以上の論文が発表された．それらにはさらに多くの解釈を見出すことができる．このパラドックスの取扱いとその歴史の詳細な概説は，[89] にある．

　このパラドックスに対してこの数ある「科学的研究」が万人に受け入れられる解をもたらしていないことは，注目に値する．[19] は，これをメタパラドックスとも呼び，次のように述べている．

> このメタパラドックスは，相容れないように見える二つの事実からなる．その一つは，予期できない試験のパラドックスは簡単に解決できそうだというものだ．〔……〕もう一つは，このパラドックスに関して今までに約 100 編もの論文が発表されているが，いまだにその正解を合意するまでには達していないという（驚くべき）事実である．

　この章で示した解法は，[38] および [39] に基づいている．また，[105] や [106] でもこれを論じている．

第3章

泥んこの子供たち

Q 外で遊んでいた子供の一団が，父親に呼ばれて家に戻ってきた．父親の周りに集まると，思ったとおり，子供たちの中の何人かは，遊んでいる間に汚れていて，とくに顔に泥がついている．子供たちは，それぞれ他の子供の顔に泥がついているかどうかは見えるが，自分自身の顔に泥がついているかどうかは見えない．このことは全員が分かってい

るし，子供たちが完璧な論理的思考をすることは一目瞭然
である．ここで，父親はこう言う．「君らのうち，少なく
とも一人は泥で汚れている」そして，こう続ける．「自分
が泥で汚れていると分かった者は，前に進み出なさい」
これで誰も前に進み出なければ，父親は，この指示を繰り返
す．何回かこれを繰り返した時点で，泥で汚れた子供全員
が前に進み出る．全員で k 人の子供のうち，m 人が泥で
汚れているとき，何回目でこうなるか．そして，その理
由は．

これが悩ましい筋書きである．もし，泥で汚れた子供が二人以
上いるならば，どの子供も，ほかの子供たちのうち少なくとも一
人が泥で汚れているのが見える．したがって，子供たちは，泥で
汚れた子供が少なくとも一人いることは分かる．すると，父親
は，全員がすでに知っていることを言ったことになる．もしそう
であれば，なぜそう言ったのだろうか．そして，前に進み出るよ
う言った後，なぜ同じ指示を繰り返したのだろうか．誰も前に進
み出なかったならば，その指示を繰り返すことでどんな違いが生
じるというのか．これによって生じる違いを理解するためには，
まずもう少し簡単なパズルを調べてみよう．

3.1 泥んこかそうではないか，それが問題だ

Puzzle 8

外で遊んでいたアリスとボブが家に戻ってくる．二人の父
親は，ボブの顔が泥で汚れているのを見て，二人が泥遊び
をしていたことに気づく．二人は，それぞれ相手の顔が泥
で汚れているのを見ることはできるが，自分自身の顔が

汚れているかは見ることができない．もちろん，鏡を覗き込めば自分の顔を見ることができる．ここで，父親は「二人のうち一人の顔は泥で汚れている」と言う．ボブはすぐに顔を洗いに向かった．しかし，ボブは鏡を見たわけではない．ボブは，どのようにして自分が泥で汚れていると分かったのか．

このようなパズルを解くためには，子供たちは全員が天才であると仮定しなければならない．（どこのご両親も，喜んでこれに同意するだろう．）子供たちは，完璧な論理的思考をする．また，父親も子供たちも，常に真実を述べ，お互いが真実を述べると完全に信頼しているものとする．ある子供の顔が泥で汚れていたら，その子供を泥んこと呼ぶことにする．

父親は，アリスとボブに，二人のうちの一人は泥んこだと言った．ボブは，姉の顔が泥で汚れていないのが見える．それゆえ，ボブの顔は泥で汚れていなければならない．これを知るのに，ボブは鏡を覗き込む必要はなかったのである．

Puzzle 9

その翌日，アリスとボブはまた外で遊んでいたが，今度は二人とも泥んこになった．家に帰ったとき，父親は，またしても，「二人のうち少なくとも一人は泥んこだ」と言う．そして，父親はボブにこう尋ねる．「自分は泥んこかどうか分かるかな」ボブは「いや，分からない」と答える．そこで，父親はアリスにこう尋ねる．「自分は泥んこかどうか分かるかな」するとアリスは「ええ，分かるわ．私は泥んこね」どうして，自分が泥んこだとアリスは分かったのに，ボブには分からなかったということが起こりうるのだろうか．

> **注** 「あなたは自分が泥んこかどうか分かっている」というのは「あなたは，自分が泥んこだと分かっているか，あるいは，自分が泥んこでないと分かっている」という意味であることに注意しよう．多くの言語では，「と分かっている」と「かどうか分かっている」を区別して表現する．(それぞれ，英語では know that と know whether, フランス語では savoir si と savoir que, オランダ語では weten of と weten dat, スペイン語では saber si と saber que となる．)

アリスとボブの状況は完全に対称的のように思える．二人はどちらも泥んこ（より正確には，二人はあきらかに自分で見ることのできない額だけが泥で汚れている）で，二人は父親から同じ情報を得ており，問われた質問さえ同じである．このことが，ボブとアリスの答えの違いを一層謎めかしている．

二人に対する違いは，父親は先にボブに尋ね，その後でアリスに尋ねたということだけである．それゆえ，アリスは，ボブが泥んこかどうか分からないと言うのを聞いている．この情報が，二人の答えの違いを理解するための鍵になる．ボブが答える前には，アリスは自分が泥んこではないとも考えられる．アリスにとっては，ボブだけが泥んこである問題（パズル 8）と同じ状況かもしれない．その場合，ボブにはアリスが泥んこでないのが見え，自分の額が泥で汚れていると推論したであろう．ボブが自分は泥んこかどうか分からないと言うのであるから，ボブはこの結論に達しておらず，そうなりうる理由は，アリスが泥んこであるのをボブが見たからにちがいない．アリスは，彼女自身の推論によってこの結論に達することができ，それゆえ，自分は泥んこでなければならないと結論する．したがって，アリスは父親の質問にイエスと答えることができるのだ．

アリスが答えた後も，ボブは自分が泥んこかどうかまだ分かっていない．なぜなら，ボブが泥んこでないのをアリスが見たときも，アリスは自分が泥んこだと分かると言っただろうからであ

る．この場合は，前のパズル8と似ているが，ボブだけが泥んこなのではなく，アリスだけが泥んこである状況になっている．

Puzzle 10
後日，アリスとボブはまた外で遊び，二人のうち少なくとも一人が泥んこになった．そこで，今度も父親は「二人のうち少なくとも一人は泥んこだ」と言う．そして，父親は，ボブを指差してアリスに次のように尋ねる．「もし私がボブに自分は泥んこかどうか分かるかと尋ねたとしたら，ボブは何と答えるだろうか」アリスは，「ボブは『分からない』と答えるわ」と答えた．さて，どちらが泥んこか．

アリスは泥んこで，ボブは泥んこではない．ボブが泥んこだと仮定しよう．すると，アリスにはボブが泥んこであるのが見える．そして，アリスは，自分自身が泥んこかどうかを知ることはできない．アリスが泥んこでなければ，ボブは自分が泥んこであることを知るだろう．しかし，アリスが泥んこならば，ボブは自分が泥んこであるかどうかを知りえない．それゆえ，ボブが泥んこの場合には，ボブが自分が泥んこかどうかを知るかどうかは，アリスには分からない．そして，ボブが自分は泥んこかどうか分からないと，アリスは言うことはできなかっただろう．しかし，アリスは，「ボブは『分からない』と答えるわ」と言った．言い換えると，アリスは，ボブが自分が泥んこかどうか分からないことを知っていたのである．それゆえ，ボブは泥んこだという仮定は誤りでなければならない．つまり，ボブは泥んこではない．そして，二人のうち少なくとも一人は泥んこなのであるから，アリスが泥んこで，ボブは泥んこではない．

Puzzle 11

またアンとビルという二人の子供がいる別の家族を考えよう．ビルは盲目である．したがって，ビルには自分の顔を見ることができないだけでなく，アンの顔を見ることもできない．二人は外で遊んで，ともに顔が泥で汚れた．二人が家に帰ってくると，父親は「二人のうち少なくとも一人は泥んこだ」と言う．アンは父親に「私が泥んこ？」と尋ねる．父親がこの質問に答える前に，ビルはさっさと自分の顔を洗いに行った．それはなぜか．

ビルは盲目であるが，自分が目の見えるアンである場合を想像することはできる．このパズルを解くためには，アンが質問するのは答えを知らないことだけだということを仮定しなければならない．すると，アンが自分は泥んこかどうか尋ねたので，アンは自分が泥んこかどうか知らないということが分かる．アンの質問は，自分は泥んこかどうか分からないとアンが発言するのにほぼ等しい．ビルが泥んこでなければ，アンは自分が泥んこであると分かるだろう．なぜなら，二人のうち少なくとも一人は泥んこだからである．しかし，アンには自分が泥んこかどうか分からなかった．それゆえ，ビルは泥んこでなければならない．アンには何が分かっていて何が分かっていないかをビルは推論できたので，この結論を導くことができ，それゆえ自分の顔を洗いに行こうとしたのだ．

3.2 同時の行為

ここまでは，父親の発言に一人の子供が応答したか，あるいは子供たちは順番に応答したかのいずれかであった．しかし，この謎解きの本来の形式では，子供たちはある意味で同時に，前に進

み出るか，それともその場に留まるかを問われている．これは，問題含みである．父親が指示してから，誰も前に進み出なかったとき，それは子供たちの何人かあるいは全員が，自分は前に進み出るべきかどうかをまだ考えていたからかもしれないし，あるいは前に進み出ないと判断したからかもしれない．この曖昧さを排除するには，前に進み出るかどうかという行為を同時に行わせる（同期させる）必要がある．次のパズルでは，父親が手を叩くことがこの役割を担う．これがまさに，子供たち全員が何をすべきかを考え終わっていると思われる瞬間である．この瞬間に誰も前に進み出なければ，それは**誰も**自分が泥んこかどうか分かっていないことを意味する．そして，その瞬間に何人かの子供たちが前に進み出れば，その子供たちだけが自分は泥んこかどうかが分かっていることを意味する．

Puzzle 12

前と同じく，アリスとボブは外で遊んだ．二人は，ともに顔が泥で汚れた．そして，前と同じく，父親は，二人のうち少なくとも一人は泥んこであると伝えた．父親は，「私が手を叩く．そこで，自分が泥んこかどうか分かっているならば，前に進み出るように」と言う．父親が手を叩くが，アリスもボブも前に進み出ない．父親は，前と同じく，「私が手を叩く．そこで，自分が泥んこかどうか分かっているならば，前に進み出るように」と繰り返す．そして，父親が手を叩くと，今度は，アリスとボブはともに前に進み出た．

なぜ，このようなことが起こりうるのかを説明せよ．

このパズルであれば，この章の冒頭で述べたパズルとどこか同じように見える．父親は，子供たちが二人とも1回目の指示に反

応しなかったのち，同じ指示を繰り返す．なぜ，父親は同じ指示を繰り返したのか．父親が手を叩いたときに前に進み出ないことで，子供たちは，自分が泥んこかどうかを知らないということを示したのである．アリスが前に進み出なかったことから，ボブは，アリスが自分は泥んこかどうか知らないと分かった．それと同時に，ボブが前に進み出なかったことから，アリスは，ボブが自分は泥んこかどうか知らないと分かった．したがって，前に進み出ないことにより，実のところ二人は互いに会話したことになる．二人は，まったく何もしなかったのではないのである．アリスとボブには，ともに泥んこの子供が見えている．二人が前に進み出ない時よりも前には，二人はともに自分が泥んこでない可能性も考えていた．しかし，その後では，二人はともにもはやその可能性を考えることはない．アリスとボブはともに，このような相手の推論に関する結論を導き出すことができ，それゆえ，自分は泥んこであると分かったのである．

それでは，3人の泥んこの子供たちについて同じように考えよう．これを言葉だけですべて説明することもできる．しかし，図を用いて子供たちがどのように推論したかを説明しよう．

Puzzle 13

外で遊んでいたアリス，ボブ，キャロラインが家に帰ってきたが，3人とも顔が泥で汚れている．父親は3人のうち少なくとも一人は泥んこであると伝え，そして3人に次のように言う．「今ここで手を叩く．そのとき，自分が泥んこかどうか分かっているならば，前に進み出るように」父親が手を叩く．何ごとも起きない．父親はこれをさらに2回繰り返す．父親が3回目に手を叩いたとき，3人の子供たちは全員が前に進み出る．どのようにしてこのようなことが起こりうるのか説明せよ．

第 3 章 泥んこの子供たち

 このパズルを解くために，すべての起こりうる状況を図示する．それぞれの子供が泥んこかそうでないかを指定することで状況は確定する．したがって，8 通りの状況がある．下図に示したように，それぞれの状況を 3 桁の数字で表す．それぞれの桁は 0 か 1 のいずれかである．アリスが泥んこならば 1 桁目は 1 とし，アリスが泥んこでなければ 1 桁目は 0 とする．同様に，2 桁目はボブの顔が泥で汚れているかどうかを表し，3 桁目はキャロラインの顔が泥で汚れているかどうかを表す．たとえば，アリスとボブが泥んこで，キャロラインが泥んこでない状況は 110 と表される．

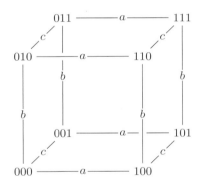

 とりうる状況のいくつかは，ラベルのついた辺で結ばれている．二つの状況が a をラベルとする辺で結ばれているならば，それはアリス (a) がその二つの状況を区別できないことを表す．たとえば，アリスは 011 と 111 を区別できない．すなわち，アリスには，ボブとキャロラインだけが泥んこなのか，それとも 3 人全員が泥んこなのか，分からない．それゆえ，この二つの状況は，辺で結ばれている．同じようにして，アリスが区別できない他の状態や，ビル (b) やキャロライン (c) が区別できない状況も

辺で結ぶ.

この問題を解くためには,起こりうるすべての状況について考える必要はないと思いがちである.たとえば,3人の子供たち全員が泥んこならば,どの子供も,泥んこの子供が一人もいないと考えはしないだろう.(111と000は辺で結ばれていない.)しかし,それは間違いである.状況000は重要である.実際には状況が111であったと仮定しよう.アリスは,自分が汚れていないことを除外できない.しかし,もしそう(状況011)だとすると,ボブは,自分が汚れていない(状況001)ことを除外できない.言い換えると,ボブはアリスとボブがともに汚れていないことを除外できないということを,アリスは除外できない.ここで,もしその状況(001)だったとすると,キャロラインは全員が汚れていない(000)ことを除外できない.それゆえ,アリスは,3人全員が汚れていないことをキャロラインが除外できないことをボブは除外できないことを除外できない.このような記述を直感的に把握するのは難しい.しかし,前述のような図であれば,容易に視覚的に把握することができる.111から011にaの辺があり,011から001にbの辺があり,001から000にcの辺がある.したがって,これらの状態は,(場合によっては)異なるラベルのついた辺の有限の連鎖により結ばれている.

ここで,父親が3人のうち少なくとも一人は泥んこであると言うと,何が起こるだろうか.父親がこう発言した後では,アリス,ボブ,キャロラインの3人は,もはや誰も000が起こりうるとは考えない.そして,3人全員は,お互いがその状況は起こりうるとは考えないことを知っているし,そう知っていることも知っているし,……とどこまでも続く.もはや,誰も状況000を考慮しないし,推論の連鎖の中でも考慮されることはない.それゆえ,その状況を図から取り除くことができる.すると,図は次のようになる.

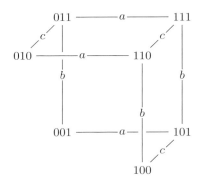

　この図で，状況 001, 010, 100 は特別な状態にある．これらの状況は，それぞれある子供にとってその他のすべての状況と異なっている．（その状況とほかの状況を結ぶような，その子供をラベルとする辺がない．）001 では，その子供はキャロラインであり，010 ではボブであり，100 ではアリスである．最初の情報の状態を示した図では，子供たちは 000 を除外することができなかったが，この時点では除外することができる．だから，状況が 001 ならばキャロラインは自分が泥んこだと分かり，状況が 010 ならばボブは自分が泥んこだと分かり，状況が 100 ならばアリスは自分が泥んこだと分かるのである．

　ここで父親が手を叩くが何も起きない．この外見上は行為がないことが，有益な情報を与える．これは，子供たちは誰も自分が泥んこかどうか知らないことを意味する．これで，状況 100, 010, 001 は除外される．なぜなら，この状況のいずれかであったならば，それぞれアリス，ボブ，キャロラインが前に進み出るだろうからだ．それゆえ，これらの起こりうる状況を取り除いて，図を改訂することができる．この時点で，これらは実際の状況でないと分かるのだ．

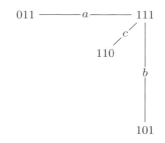

　ここで，状況 011, 101, 110 を考えてみる．これらの状況では，それぞれ 3 人の子供たちのうち二人について出て行く辺がない．言い換えると，この二人の子供たちにとって，この状況がこの時点で唯一残された可能性なのである．たとえば，状況 011 から他の状況につながる b の辺や c の辺はない．これは，ボブとキャロラインは，それぞれ自分の顔に泥がついていると分かっていることを意味する．なぜ，そうでなければならないかは，言葉で辿り直すこともできる．状況 011 では，ボブには，キャロラインは泥んこでアリスは泥んこでないことが分かる．当初は，キャロラインだけが泥んこである可能性も残されていた．しかし，もしそうであったとすると，キャロラインは前に進み出ていたはずだ．だが，キャロラインはそうしなかった．それゆえ，キャロラインは泥んこの子供を見ているとボブは推論する．その泥んこの子供は自分に違いない．同様にして，キャロラインも自分が泥んこだという結論を導きだす．

　再び父親が手を叩いたとき，またしても何も起きない．今度も，どの子供も自分が泥んこかどうか分かっていない．状況 011, 101, 110 であれば，ここまでに論じたように，二人の泥んこの子供が前に進み出るはずだから，これらの状況も除外できる．残されたただ一つの状況は 111 である．その図は，非常に単純である．

辺は 1 本もなく，考慮すべき別の状況もない．それゆえ，3 人の子供たち全員が自分が泥んこであると分かる．ここで父親が 3 回目に手を叩くと，3 人の泥んこの子供たち全員が前に進み出るだろう．

これで単にパズル 13 が解けただけではなく，3 人の子供たちの登場する同様のパズルすべてが解けている．泥んこであるのが 3 人ではなく二人であった場合には，父親が 2 回目に手を叩いた時に，泥んこの二人が前に進み出る．そして，もし一人だけが泥んこであったならば，父親は手を一度叩くだけで十分である．ここで，さらに一般の場合を考えよう．

Puzzle 14

アリス，ボブ，……，ヨランダ，ザカリアスという 26 人もの子供がいる大家族を想像してほしい．彼らは外で遊んで，全員が泥んこになっている．父親は，少なくとも一人が泥んこであると言い，そして，こう続ける．「今ここで手を叩く．そのとき，自分が泥んこかどうか分かっているならば，前に進み出るように」父親はこの指示を繰り返し，これが，1 回目の指示を含めて，ついに 26 回に達する．そのとき，26 人の泥んこの子供たち全員が前に進み出ることになる．なぜこのようなことが起こりうるのか説明せよ．

20 人の子供だけが泥んこだったとしたら，どんなことが起こっていただろうか．

この問題を解くためには，もはや図を使うことはできない．図を描くには大きすぎるからである．26 人の子供たちの場合は，

当初に起こりうる状況は 2^{26} 通り，すなわち，67108864 通りもある．この問題を解くには，なにか別の方法を考えなければならない．そこで系統的に考えることにしよう．

　泥んこの子供が一人だけならば，その子供には，他に泥んこの子供は見えないだろう．したがって，その子供は，少なくとも一人の子供が泥んこであるという情報を得たときに，自分が泥んこだと分かるだろう．そこで，最初に父親が手を叩くと，その子供は前に進み出ることになる．

　泥んこの子供が二人だとしたら，その二人にはそれぞれもう一人の泥んこの子供が見えることになる．父親が最初に手を叩いたときにどの子供も前に進み出なかったとしたら，この二人の泥んこの子供は，自分が見ているただ一人の泥んこの子供の他に，もう一人の泥んこの子供がいなければならないと推論できる．それゆえ，二人は，自分自身がその二人目の泥んこの子供にちがいないと分かる．したがって，父親が 2 回目に手を叩いたとき，この二人の泥んこの子供は前に進み出ることになる．

　3 人の子供が泥んこである場合にも，同様の論証が成り立つ．そして，父親が 3 回目に手を叩いたときに，3 人の泥んこの子供は前に進み出る．これが，ずっと続く．20 人の子供が泥んこであれば，20 回目に手が叩かれたときに，その 20 人は前に進み出る．そして，25 人の子供が泥んこであれば，25 回目に前に進み出る．ここでは，26 人の子供たち全員が泥んこだったのだから，それぞれの子供は 25 人の泥んこの子供を見て，こう考える．もし，自分が泥んこでないならば，25 回目に手が叩かれたときに，他の 25 人全員が前に進み出るだろう．しかし，彼らはそうしなかった．これは，自分もまた泥んこでなければならず，26 人の泥んこの子供がいるということだ．26 人の子供は全員が同時にこの結論に達し，それゆえ，26 回目に手が叩かれたとき，全員が前に進み出る．

第 3 章 泥んこの子供たち

ここまでくると，この章の冒頭のパズルを解くことができる．k 人の子供がいて，その中の m 人が泥んこならば，その m 人の泥んこの子供たちは，m 回目の指示において前に進み出ることになる．これを証明するには，数学的帰納法が必要になる．

3.3 関連問題

Puzzle 15

これは，パズル 13 の変形である．子供たち 3 人は全員が泥んこであることを思い出そう．父親が，3 人のうち少なくとも一人は泥んこであると言うと，子供たち全員が，同時に「それは分かっていたよ」と言う．子供たちは，父親の発言から何を知ったことになるのか．

続けて父親は，「今ここで手を叩く．そのとき，自分が泥んこかどうか分かっているならば，前に進み出るように」と言う．すべての子供が前に進み出るまでに，父親はこの指示を何回繰り返さなければならないだろうか．

Puzzle 16

外で遊んでいたアリス，ボブ，キャロラインが家に帰ってくる．父親は，3 人のうち少なくとも一人は泥んこであると告げる．全員が見えるところで，父親はアリスの顔をきれいなタオルで拭く．（これで，アリスは泥んこではなくなった．）そして，前と同じように，父親は，「今ここで手を叩く．そのとき，自分が泥んこかどうか分かっているならば，前に進み出るように」と言う．そして，父親は手を叩き，これを何度も繰り返す．

（1）アリスだけが（最初に）泥んこだったとしら，どうなるだろうか．この筋書きでは，ボブとキャロライン

は何を知ることになるか.
(2) アリスとボブだけが泥んこだったとしたら，どうなるだろうか.
(3) ボブとキャロラインだけが泥んこだったとしたら，どうなるだろうか.
(4) 3人全員が泥んこだったとしたら，どうなるだろうか.

Puzzle 17

3人の子供のうち，アリスとボブは泥んこで，キャロラインは泥んこではない．アリスは腹ぺこで，ゲームなどしたくはない．父親が最初に手を叩いたとき，アリスは，自分が泥んこかどうか分かっているかを考えることなく，前に進み出る．
(1) ボブはどのように推論するだろうか.
(2) キャロラインはどのように推論するだろうか.
(3) アリスは，自分のしたことを考えたあげくに，結局どのように推論するだろうか.

ここで，3人の子供全員が泥んこだとして，最初に手が叩かれたときに，アリスはやはり前に進み出たと仮定する．このとき，ボブとキャロラインはどのように推論するだろうか．

泥んこの子供たちのパズルには，彼らの額に泥がついているのではなく，帽子を被っているという変形もある．（インドでは，自分の眼の色が分かっていないという変形が広く知れ渡っている．）自分の額が泥で汚れているかどうか見ることができないように，自分が被っている帽子の色を見ることができないのである．この（子供だけでなく囚人や賢者が被っている変形もある）帽子のパズルには，子

供たちが（他の子供たち全員が見えるように）輪になって立っているのではなく，一直線に並んで全員が同じ方向を向くように立っているという変形もある．それぞれの子供は，自分よりも前にいる子供たちの帽子を見ることができるが，自分の帽子だけでなく自分より後ろにいる子供たちの帽子を見ることはできない．視界をよく確保するために，子供たちは階段にきちんと列をなしていて，前方の子供ほど少しずつ低い段に立っている．（4人が一列に並んで立っている問題では，ベルギーの漫画のラッキールーク・シリーズに登場するダルトン兄弟が思い出される．ダルトン兄弟はみな背の高さが違うので，階段は必要ないが．）

Puzzle 18

10人の子供たちが同じ向きに一列に並んで立ち，それぞれの頭には白い帽子か黒い帽子が乗っている．一番後ろの子供から順番に，自分の帽子の色が黒か白かを（声に出して）言い当てようとする．このとき，一人を除いた残り全員が自分の帽子の色を正しく言い当てることができる．どのようにすれば，このようなことができるのだろうか．子供たちは，一列に並んで立って帽子を頭に乗せられる前に，どのように考えて自分の帽子の色を答えるかについて合意しておくことが許されている．

泥んこの子供たちの次の変形は，スマリヤンのよく知られたパズル本 [88] で紹介されているものである．

Puzzle 19

3人の被験者 A, B, C は，全員が完璧な論理学者であった．彼らは，任意の前提から導かれるすべての帰結を即座に演繹することができた．また，彼らはお互いが完璧な論理

学者であることを知っていた．3人には7枚の切手が見せられた．7枚の切手のうち，2枚は赤色，2枚は黄色，そして3枚は緑色であった．そして，3人は目隠しをされ，それぞれの額にその切手が1枚ずつ貼られた．残りの4枚の切手は引き出しに入れられた．目隠しが外されたあと，Aは，「自分の額には絶対に貼られていない切手の色が分かりますか」と問われた．Aは「いいえ」と答えた．つぎに，Bに同じ質問がされ，Bも「いいえ」と答えた．ここまでの情報から，A, B, Cの切手の色を演繹することはできるか．[88, pp. 6–7]

問題の成り立ち

泥んこの子供たちのパズルの古い起源は，フランス文学の古典である『ガルガンチュアとパンタグリュエル』（ラブレー著，16世紀）のドイツ語訳にある．このよく知られた作品は，数多くの言語に翻訳されてきた．レジスによる1832年のこのドイツ語訳[79]は，[18]で論じられた．このドイツ語訳には，訳者による広範な注釈がつけられており，その中に "Ungelacht pfetz ich dich" という句に関する次のような注釈がある．（これは，フランス語では "pincer sans rire"（「笑わずにつまむ」）であり，フランスで「山羊ひげ（山羊のひげのように整えたあごひげ）」（barbichette）[1]として知られる遊びを装ったいたずらである．この遊びは，フランスの漫画「アステリックスの冒険」シリーズの第1巻に登場した．）

> 「笑わずにつまむ」は室内遊戯の一つ．全員が右隣の人の顎か鼻をつまむ．笑ったら，その人は罰として何かをしなくてはならない．つまむ人の中の二人はこっそり指に消し炭をつけておくので，彼らの隣

---

[1] 訳注：二人が互いのあごをつまんで見つめ合い，笑ったほうが負けというにらめっこの一種．

の人の顔が黒くなる．消し炭をつけられた二人は互いに，全員がもう一人を見て笑っているのだと考えるので，笑いものにされる．

泥で額が汚れているのではなく，消し炭が鼻か顎についているのである．自分の鼻が黒くなっているかどうかは見ることができない．大きな違いは，同期がとられていないことである．（隣の人はいつ笑い始めるのか．これには，手が叩かれるといった合図はない．） 1832 年から 1950 年代の間には，この謎解きに関する出版物は見当たらない．きっと，相応な言語で書かれた相応な文献にあたれていないのだろう[2]．この謎解きは，ストランド・マガジンなどの雑誌に 1940 年代以降に掲載された（年齢や番地が分からないという）ほかの認識に関する謎解きよりもわずかに遅れて再登場した．

1953 年に，3 人の子供たちに関する泥んこのパズルが，3 人全員が泥んこの場合として，[64] の冒頭に登場する．（この本は，連続する整数の謎解きの原典でもある．） それは，次のように述べられている．

> 客車に乗り合わせた 3 人の女性 A, B, C 全員の顔が汚れていて，全員が笑う．突如として，A は閃く．「どうして B は，彼女を見て C が笑っていると気づかないのだろうか．なんてこと，私が笑われているのだわ．〔……〕」[63, pp.3–4]

非常に興味深いことに，リトルウッドは，このパズル（の解法）を自明でない数学的推論の典型例と呼んでいる．その解法では，すべての子供が泥んこである場合を取り扱っている．（このパズルは，彼の同僚であるハーディに対して少しばかり皮肉を込めたもののようだ．ハーディは，自明でない数学的推論の典型として，現代的な問題ではなく古典的な数学の問題である素数が無限にあるというユークリッドの証明を引き合いに出している [46]．）

泥で汚れているのではなく帽子を被っているという変形は，ある週刊誌に見ることができる [118]．これは，1954 年から 1965 年の間にこの雑誌に掲載された 626 個の同じような「頭の体操」の一つで，「うまくやり，振り返るな」と題された第 137 問（第 90 巻，32 号，47 ページ）である．この問題では，同じ向きに一列に座ったボートの 4 人の漕ぎ手が色つきの帽子を

2） 訳注：[58] にも顔が汚された哲学者の問題が「3 人の哲学者の問題」として出題されている．また訳者あとがきも参照のこと．

被っている設定である．漕ぎ手には，自分よりも前にいる漕ぎ手の帽子の色だけが分かり，自分よりも後ろにいる漕ぎ手の帽子の色は分からない．ハンス・ファン・ディトマーシュとリネケ・バーブルッジは，フローニンゲン大学図書館で数日をかけて，この雑誌の何十年間分のページをめくり，この情報を見出した．実際には，二人は第 7 章の和と積の謎解きの古い出典を探していたのだが，そちらは見つからなかった．

1950 年代の別の出典としてはガモフとスターンによるパズル本 [34] がある．これは，40 人の不貞な女性がいる状況を問題にしている．それぞれの女性が不貞を働いていることは，彼女の夫を除いた全員が知っている．これを不貞な男性にした問題が，[72] にある．（この論文は，同期および非同期の条件をつけたこの謎解きのさまざまな変形も含んでいる．）　マッカーシーは，「賢人」が登場する，より差別的でない変形を述べている [69]．賢人たちは，それぞれの額につけられた点の色を割り出さなければならない．

泥んこの子供たちという，現在ではもっとも一般的なこの謎解きの体裁は，バーワイズにより最初に提示された [13]．奇妙なことであるが，これまででもっともよく知られているこの設定は，1832 年の設定にかなり近い．私たちが知る限り，これは偶然の一致で，バーワイズはその古い問題に気づいていなかった．

第4章

モンティ・ホール問題

Q あなたがゲーム番組の決勝戦までたどり着いたとしよう．三つの扉があり，そのうちの一つの向こう側には自動車がある．その扉を選べば車を獲得することができる．番組の司会者は，扉を一つ選ぶように求める．あなたは1番の扉を選んだ．司会者はどの扉の向こう側に車があるかを自分は知っていると言い，残りの二つの扉の一方，たとえば

3番の扉を開けて見せる．そこには車はない．ここで，司会者は選ぶ扉を 2 番に変更するかと尋ねる．あなたは，2番の扉に変更すべきだろうか．

このパズルは，しばしば猛烈な議論を巻き起こす．多くの人は，これについてかなり直感的な判断を下す．そのほとんどは，選ぶ扉を変更してもしなくても違いはないというものだ．残った二つの扉のどちらかの向こう側に車があり，そのどちらに車があるのか分からないのだから，その向こう側に車がある確率は二つの扉で等しいと推測するのはもっともに思える．したがって，選ぶ扉を変更するかどうかで違いはまったくないはずだ．だが驚くべきことに，選ぶ扉を変更するかどうかで違いがあるのだ．これを論じる前に，まず確率に対する私たちの直感をテストしてみよう．

4.1 もっともよい質問は何か

Puzzle 20

アンソニーとバーバラは次のようなゲームをしている．まず，バーバラが通常の 52 枚一組のトランプから 1 枚のカードを選ぶ．次に，アンソニーはバーバラが選んだカードを推測する．アンソニーが言い当てることができたら，バーバラはアンソニーに 100 ユーロを支払う．アンソニーが間違えたら，アンソニーはバーバラに 4 ユーロを支払う．このゲームをもう少し公平にするために，アンソニーはカードを推測する前に，「はい」か「いいえ」で答えることのできる質問をすることができる．バーバラはアンソニーの質問に正直に答えなければならない．このとき，「赤いカードを持っていますか」という質問と，「ハートのクイーンを持っていますか」という質問のどちらがよ

いだろうか．

アンソニーにとって前者の質問をするほうがよさそうだということは，ほぼ自明に思える．この質問にバーバラが答えると，52枚のカードのうちの半分を除外できることがアンソニーには保証されている．一方，後者の質問にバーバラが答えた後で，おおよそ起こりそうなのは，たった1枚のカードだけが除外されることなのだから．しかし，この直感は間違っている．

実際には，アンソニーがどんな質問をしようと違いはない．どちらの質問をしても，アンソニーがこのゲームに勝つ確率は同じなのである．バーバラが無作為にカードを選ぶと仮定すると，それぞれのカードが選ばれる確率は等しく，$\frac{1}{52}$ である．バーバラが「赤いカードを持っていますか」という質問に答えると，（その答えが「はい」であっても「いいえ」であっても）アンソニーには26通りの場合だけが残る．これで，アンソニーがバーバラのカードを言い当てる確率は $\frac{1}{26}$ になる．

アンソニーがバーバラに「ハートのクイーンを持っているか」と質問して，バーバラの答えが「はい」ならば，当然アンソニーはバーバラの持っているカードを言い当てるだろう．これが起きる確率は，$\frac{1}{52}$ だけである．そして，バーバラが「いいえ」と答える確率は $\frac{51}{52}$ である．それにつづいて，アンソニーが言い当てる確率は，たったの $\frac{1}{51}$ である．これらを合わせると，$\frac{51}{52} \cdot \frac{1}{51} = \frac{1}{52}$ になる．質問をした後でアンソニーが言い当てる確率は，その質問に対して「はい」という答えが得られたときに言い当てる確率と，「いいえ」という答えが得られたときに言い当てる確率の和に等しい．これは，$\frac{1}{52} + \frac{1}{52} = \frac{1}{26}$ である．この結果は，ア

ンソニーが最初の質問をしたときに言い当てる確率に一致する．したがって，アンソニーがどちらの質問をしても，結果に違いはない．

Puzzle 21

アンソニーとバーバラは前問と同じゲームをしている．しかし，今度は，アンソニーは4通りの答えが可能な質問をすることができる．このとき，「あなたの持っているカードはクラブ，ハート，ダイアモンド，スペードのどれか」という質問と，「あなたの持っているカードは，ハートのクイーン，ダイアモンドの3，スペードのエース，あるいはそれ以外のどれか」という質問のどちらがよいだろうか．

この場合にもまた，アンソニーがどちらの質問をしようと結果に違いはない．いずれの質問をしても，アンソニーがバーバラのカードを言い当てる確率は等しい．前者の質問では，質問の答えによって13通りの可能性が残る．したがって，アンソニーが言い当てる確率は $\frac{1}{13}$ である．後者の質問では，アンソニーが言い当てる確率は $\frac{1}{52} + \frac{1}{52} + \frac{1}{52} + \frac{49}{52} \cdot \frac{1}{49} = \frac{1}{13}$ である．したがって，二つの質問でアンソニーが言い当てる確率は等しい．

パズル20とパズル21のゲームで異なる点は，質問に対する答えの数だけである．質問の答えがただ一つしかないならば，言い当てる確率は $\frac{1}{52}$ である．なぜなら，その答えから何も得ることはないからである．たとえば，「あなたはカードをもっていますか」という質問の答えはただ一つしかなく，それは「はい」である．（実際，これは質問と呼べる代物ではない．）2通りの答えがある質問ならば，パズル20で調べたように，言い当てる確率は $\frac{2}{52}$

になる．3 通りの答えがある質問ならば，言い当てる確率は $\frac{3}{52}$ になり，4 通りの答えがある質問ならば，(パズル 21 で調べたように) 言い当てる確率は $\frac{4}{52}$ になる，というように続く．そして，52 通りの答えがある質問ならば，言い当てる確率は $\frac{52}{52} = 1$ になる．これについては，読者自身で確かめてほしい．52 通りの答えがあるもっとも分かりやすい質問は，「あなたの持っているカードは何か」である．この答えを聞いた後では，確実に持っているカードを言い当てることができる．

ここで述べた二つのパズルは，確率に関しては，私たちは直感に従うと判断を極めて誤りやすいということを示している．しかし，簡単な計算をしてみれば，正しい方向に戻ることができる．ゲーム番組の司会者と車のパズルでは，思っていたよりもこれが難しいのであろう．

4.2 なぜ選ぶ扉を変更したほうがよいのか

選ぶ扉を変更することはあなたに有利になる．なぜなら，選ぶ扉を変更することで，車を獲得する確率は $\frac{2}{3}$ になるからである．このパズルを解くために，いくつかの前提をおく．まず，車は三つの扉のどれかの向こう側に無作為に置かれると仮定する．当初は，1 番の扉の向こう側に車がある確率は $\frac{1}{3}$ であり，同じことが 2 番の扉にも 3 番の扉に対しても成り立つ．さらに，ゲーム番組の規則として，三つの扉のうち，あなたが最初に選ばずその向こう側に車がないものを司会者が開けて見せると仮定する．最後に，司会者が開けて見せる扉を二つの扉から選ぶことができるならば，司会者はそれを無作為に選ぶと仮定する．

最初にあなたが選んだ扉の向こう側に車があるとしよう．この確率は $\frac{1}{3}$ である．この場合，選ぶ扉を変更すると，車を獲得できない．

　最初にあなたが選んだ扉の向こう側に車はないとしよう．この確率は $\frac{2}{3}$ である．ここで，司会者が一つの扉を開けて見せる．ゲームの規則に従って司会者が開けて見せることのできる扉は一つだけである．扉の一つはあなたが最初に選んだもので，司会者はそれを開けて見せることはできない．また，別の扉の向こう側には車があり，司会者はこの扉も開けて見せることはできない．したがって，司会者は残った一つの扉を開けて見せる．司会者が開けなかった扉に変更すれば，自動的にあなたは車がその向こう側にある扉を選ぶという結果になる．

　それゆえ，選ぶ扉を変更することで車を獲得する可能性は，$\frac{1}{3} \cdot 0 + \frac{2}{3} \cdot 1 = \frac{2}{3}$ である．

　多くの人は，この論証に納得しない．実際にこれが正しい結論を導いていることを納得する一番よい方法は，三つの茶碗を使って自分でこのゲームをやってみることである．あなたは，参加者の役だけでなく，ゲーム番組の司会者の役も演じなければならない．これを50回繰り返して，参加者が何回車を獲得したかを記録する．どの扉に車を置くかを決めるのにはサイコロを使えばよい．たとえば，サイコロを投げて1か2の目が出れば，1番の扉の向こう側に車を置く．3か4の目が出れば，2番の扉の向こう側に，5か6の目が出れば，3番の扉の向こう側に車を置く．また，参加者が最初に選ぶ扉や，司会者が開けて見せる扉も（選択の余地があるならば），サイコロを使って決めることができる．参加者にすべてのゲームで選ぶ扉を変更させると，30回から40回は車を獲得するであろうし，10回から20回しか車を獲得できないということはまず起こらないであろう．もちろん，それ以外の結果

も起こりうるし,まったく車を獲得できないということさえあり
うる.しかし,そのような結果はまず起こりそうもない.もしそ
うなってしまったら,もう 50 回ゲームを行って確かめてほしい.

4.3 関連問題

このパズルの解答が正しいことは,もっと多くの扉のある変形
を考えると納得できることもある.次の変形を考えてみよう.

Puzzle 22

あなたがゲーム番組の決勝戦までたどり着いたとしよう.
千の扉があり,そのうちの一つの向こう側には自動車があ
る.その扉を選べばある車を獲得することができる.番組
の司会者は,扉を一つを選ぶように求める.あなたは 1 番
の扉を選んだ.司会者はどの扉の向こう側に車があるかを
自分は知っていると言い,1 番と 899 番を除いた残りの扉
をすべて開けて見せる.どこにも車はない.ここで,司会
者は選ぶ扉を 899 番に変更するかどうか尋ねる.あなた
は,899 番の扉に変更すべきだろうか.

選ぶ扉を変更するのが最善策であるということがまだ納得でき
ず,このゲームを 50 回やってみてもまだ納得できないならば,
あなたを納得させるために提示できることはもうほとんどない.

先に述べたように,司会者が開けて見せる扉は無作為に選ばれ
ることが前提の一つであった.しかし,司会者はまったく異なる
振る舞いをすることもできる.

Puzzle 23

ゲーム番組の司会者についてもう少し分かっていることが

あるとしよう．その司会者は，信じられないほど怠け者なのである．司会者は，できるだけ体力を使いたくないので，番組収録中にスタジオの中をできるだけ歩かないようしている．1番の扉は2番の扉よりも司会者に近く，2番の扉は3番の扉よりも司会者に近いとしよう．そして，最初にあなたは，やはり1番の扉を選んだとしよう．ここで，司会者は，その向こう側に車がないほかの扉の一つを開けて見せなければならない．司会者は，3番の扉に向かい，それを開けて見せた．あなたは，選ぶ扉を変更すべきだろうか．（そして，変更することで，車を獲得する確率はどれだけになるか．）

Puzzle 24

パズル23と同様の設定だが，今度の司会者は非常に筋骨たくましく，できるだけ多く歩くのを好むとしよう．あなたは1番の扉を選び，司会者は3番の扉を開けて見せた．あなたは，選ぶ扉を変更すべきだろうか．（そして，変更することで，車を獲得する確率はどれだけになるか．）

ここまでに見てきたように，このパズルにおいて司会者は非常に重要な役割を演じる．ここで，司会者がいかなる役割も演じないような変形を考えよう．それで何らかの違いが生じるだろうか．

Puzzle 25

あなたがゲーム番組の決勝戦までたどり着いたとしよう．三つの扉があり，そのうちの一つの向こう側には自動車がある．その扉を選べば車を獲得することができる．番組の司会者は，扉を一つを選ぶように求める．あなたは1番の扉を選ぶ．司会者はどの扉の向こう側に車があるかを自

分は知っていると言ったが，司会者が何もしないうちに，故障によって3番の扉が開いてしまった．そこには車はなかった．ここで，司会者はあなたに2番の扉を選ぶことに変更するかどうか尋ねる．あなたは，2番の扉に変更すべきだろうか．

問題の成り立ち

このパズルは，モンティ・ホールが司会をする有名な米国のゲーム番組にちなんで，「モンティ・ホールのジレンマ」としてもっともよく知られている．このパズルを最初にモンティ・ホールになぞらえたのは [84], [85] である．このパズルの変形は，1960年代にはすでに知られていたが（たとえば [73]），それは3人の囚人のうちの一人が絞首刑に処されようしているというものであった．1990年代に，この問題が [120] で論じられたことで，このパズルに対する関心に拍車が掛かった．そこでは車のない扉の向こう側には山羊がいるという設定であった．ここで論じられたことで，米国では白熱した論争が巻き起こった．

パズル20のゲームは，クーイの学位論文 [55] で論じられた．そこでは同じ手法を用いて，マスターマインド（数当てゲーム）ではありうる答えのもっとも多い質問を常にすべきであると論じられている．

第5章

ロシア式カード

Q 0から6までの7枚のカードの束から,アリスとボブはそれぞれ3枚のカードを引き,キャスは残った1枚を持つ.このことは全員が知っている.アリスとボブは,それぞれの持っているカードを一枚もキャスに知られることなく,しかし公然と話をすることで,互いのカードを知らせ合いたい.どうすればよいか.

「このことは全員が知っている」というのは，7枚のカードがあり，ほかの人が何枚のカードを持っていて，3人はそれぞれ自分の手札だけが分かることを全員が知っているという意味である．しかし，また，ほかの二人がこれらを知っていることも全員が知っている，などという意味でもある．これは，そのほかの謎解きと同じである．アリスとボブが「公然と話をする」というのは，声に出して話さなければならないという意味である．アリスが何かを言ったとしたら，ボブとキャスはそれを聞くことになるし，ボブが何かを言ったとしたら，アリスとキャスはそれを聞くことになる．「公然と」というのは，アリスとボブはそれぞれ自分の手札を互いに見せるのでもなく，一方が相手の手札を覗き見をするのでもないという意味である．そうでなければ，キャスに知られることなく，手札を知らせる非常に簡単な方法があることになってしまう．それゆえ，この状況は実際のカードゲームと同じく，すべての行為が公開されているのでなければ，ゲームの公平性を欠く．さらに，プレーヤーは真実だけを言うと仮定する．アリスとボブはともにお互いの手札についての真実を見出すことに関心があるので，これは妥当な制約だろう．

　たとえばアリスは $0, 1, 2$ を，ボブは $3, 4, 5$ を，キャスは 6 を持っているとする．このとき，アリスは集合 $\{0,1,2\}$ を持っていると言う（または書く）代わりに，アリスの手札は012であると言う．同様にボブの手札は345であると言う．また，このような配られ方を012.345.6と書くことにする．説明を簡単にするために，常にこれが実際の配られ方であるとする．

5.1 自分が言う事を分かっておいたほうがよい

まず次のやり方を試してみよう．

> アリスはボブに「あなたの手札は 012 か，または，私の手札は 012 である」と言い，その後，ボブはアリスに「あなたの手札は 345 か，または，私の手札は 345 である」と言う．

これが解のように見えるかもしれないが，実際には解になってはいない．どうしてだろうか．実際の配られ方は 012.345.6 である．まず，アリスがボブに「あなたの手札は 012 か，または，私の手札は 012 である」と言う．アリスの手札が 012 であるような配られ方は，次の 4 通りである．

$$012.345.6$$
$$012.346.5$$
$$012.356.4$$
$$012.456.3$$

そして，ボブの手札が 012 であるような配られ方は，次の 4 通りである．

$$345.012.6$$
$$346.012.5$$
$$356.012.4$$
$$456.012.3$$

アリスがボブに「あなたの手札は 012 か，または，私の手札は 012 である」と言った後では，配られ方にはこの 8 通りの可能性がある．そして，次はボブの番である．ボブがアリスに「あなた

の手札は 345 か，または，私の手札は 345 である」と言う．上記の 8 通りのうち，ボブの手札が 345 か，またはアリスの手札が 345 であるような配られ方は次の 2 通りである．

$$012.345.6$$
$$345.012.6$$

それゆえ，ボブの発言の後でも，配られ方にはこの 2 通りの可能性がある．キャスの手札は 6 なので，残りのカードのどれをアリスが持っていて，どれをボブが持っているかは分からない．たとえば，実際の配られ方 012.345.6 ではアリスは 0 を持っているが，配られ方が 345.012.6 だったとしたらボブが 0 を持っている．同じことが，6 以外のカードすべてについて言える．

それでも，これは解ではない．ほかの配られ方の可能性についてのプレーヤーの知識を考慮すると，その理由を理解することができる．7 枚のカードを，3 人のプレーヤーのうちの二人には 3 枚ずつ配り，残った 1 枚を残りの一人に配るやり方は 140 通りある．

> **注** アリスは，7 枚のカードから 3 枚を引く．その 1 枚目には 7 通りあり，2 枚目は残った 6 枚のうちの 1 枚，3 枚目は残った 5 枚のうちの 1 枚である．もちろん，アリスが引いた 0 が，最初に引いたものであっても，2 枚目に引いたものであっても，3 枚目に引いたものであっても違いはない．したがって，このようにして同じになるものは考慮しなければならない．アリスの引いた 3 枚のカードのうちのどれか一枚を考える．このカードは，最初に引いたものか，2 番目に引いたものか，3 番目に引いたものかの 3 通りの場合がある．そして，残りの 2 枚のうちの 1 枚が何番目に引いたカードかについては，2 通りの場合がある．これを合わせると，7 枚のカードから 3 枚を引くやり方は $\frac{7 \cdot 6 \cdot 5}{3 \cdot 2 \cdot 1} = 35$ 通りある．（これは，$_7C_3 = 35$ と計算できる．）
> 次に，残った 4 枚のカードからボブは 3 枚を引く．これで残るカードは 1 枚だけであるから，ボブのカードの引き方は，残るカードの

数と同じだけある．残るカードは 4 通りである．

最後に，キャスには選択の余地がない．キャスは残ったカードを取るだけである．

それゆえ，結果として，配られ方は $35 \cdot 4 \cdot 1 = 140$ 通りある．

アリスの手札がなんであろうと，最初の状況ではアリスは 4 通りの配られ方を区別することはできない．これは，アリスが持っていないカードが 4 枚あり，キャスがその 4 枚のいずれをも持ちうるとアリスは考えるからである．実際の配られ方が 012.345.6 だとすると，アリスは次の 4 通りを区別できない．

$$012.345.6$$
$$012.346.5$$
$$012.356.4$$
$$012.456.3$$

ボブに対しても，同じようなことが成り立つ．ボブも 4 通りの配られ方がありうると考えるが，それはアリスの考える 4 通りとは同じではない．具体的には，次の 4 通りである．

$$012.345.6$$
$$016.345.2$$
$$026.345.1$$
$$126.345.0$$

キャスは，もっと多くの配られ方がありうると考える．具体的には 20 通りである．キャスがどのカードを持っているとしても，残りの 6 枚のうちのどの 3 枚をアリスが引いたかキャスには分からない．そして，6 枚のカードから 3 枚を選ぶ場合の数は $\dfrac{6 \cdot 5 \cdot 4}{3 \cdot 4} = 20$ 通りである．キャスのカードが 6 であるときに可能な 20 通りの配られ方は，ここでは列挙しない．

プレーヤーがカードに関する発言を行うと，合計で 140 通りの可能な配られ方が縮小していく．

すでに述べたように，実際のカードの配られ方は 012.345.6 だとして，アリスが「あなたの手札は 012 か，または，私の手札は 012 である」と言うと，配られ方の可能性は 8 通りに減り，それに引き続いて，ボブが「あなたの手札は 345 か，または，私の手札は 345 である」と言うと，配られ方の可能性は 2 通りだけになると主張した．ここで，これら三つの相異なる「情報状態」と，それぞれのプレーヤーにとってのほかのプレーヤーの手札についての不確定性を表現するモデルを導入する．最初の 140 通りのカードの配られ方については，少し煩雑なので模式的に書くが，残りの二つの情報状態については明示的に書くことにする．その一つは 8 通りの配られ方からなる情報状態であり，もう一つは 2 通りの配られ方からなる情報状態である．

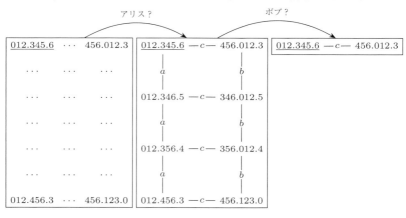

配られ方どうしを結ぶ辺は，その辺につけられた名前のプレーヤーにとって，それらを区別できないことを表す．たとえば，キャスは 012.345.6 と 345.012.6 を区別できない．それゆえ，上図の中央上部では，c とラベルのついた辺で，これら二つが結ば

れている．また，アリスは，012.345.6 と 012.346.5 を区別できない．それゆえ，それらが a とラベルのついた辺で結ばれている．しかし，アリスは，012.345.6 と 012.356.4 も区別できない．a とラベルのついた 2 本の辺からなる経路により，012.345.6 から 012.356.4 に到達することができるのがそのことを表している．あるプレーヤーの名前をラベルとする何本かの辺で構成される経路で結ばれた二つの配られ方は，そのプレーヤーによって区別できない．

　それでは，アリスとボブの発言を分析しよう．アリスは，「あなたの手札は 012 か，または，私の手札は 012 である」と言った．アリスの手札は 012 だから，この発言は正しい．しかし，どのようにして，アリスは自分の発言が正しいと知ったのであろうか．ここで，キャスの視点に立って考えてみよう．

> アリスの手札は 012 か，あるいは，アリスの手札は 012 でないかのいずれかである．
> アリスの手札が 012 だとしよう．すると，アリスの発言「あなたの手札は 012 か，または，私の手札は 012 である」は正しい．なぜなら，「私の手札は 012 である」は正しく，「私の手札は 012 である」から「あなたの手札は 012 か，または，私の手札は 012 である」が導かれるからである．ここに問題はない．
> アリスの手札は 012 でないとしよう．「あなたの手札は 012 か，または，私の手札は 012 である」は正しくなければならないから，ボブの手札が 012 でなければならない．そして，その場合，アリスの手札は，345, 346, 356, 456 のいずれかである．アリスの手札は 345 だとしよう．この場合，アリスはどのようにして「あなたの手札は 012 か，または，私の手札は 012 である」が正しいと分かるのだろ

うか．アリスの手札は345なので，ボブの手札が012で，私の手札が6である可能性も考えられる．しかし，ボブの手札が016で，私の手札が2である可能性もまた考えられる．だが，この最後の場合には，「あなたの手札は012か，または，私の手札は012である」は偽になってしまう．最初の状況では，アリスは345.012.6と345.016.2を区別することができない．それゆえ，アリスの手札が345だったとしたら，アリスは自分の発言が正しいと知ることはできなかっただろう．アリスは正しいと分かっていることだけを言うのだから，彼女の手札が345だとしたらこう発言することはない．しかし，アリスはそう発言した．——
それゆえ，アリスの手札は012でなければならない．

こうして，アリスの発言から，キャスは3人の手札すべてを知る．明らかに，ボブも，アリスの発言によって，3人の手札を知る．アリスだけが，まだほかの二人の手札を知らない．アリスは，彼女自身の発言から，彼女の手札が012である4通りの配られ方を区別する情報を得ることはできない．アリスが発言した後では，配られ方の可能性は8通りに減るのではなく4通りに減るのだ．しかし，これで，アリスのこの発言の後ではいかなる発言も解とはなりえないことも，すぐさま分かる．アリスの発言の後では，キャスはすでに3人の手札を知っているからだ．これに引き続くボブの発言「あなたの手札は345か，または，私の手札は345である」は，配られ方の可能性を，残った4通りから実際の配られ方012.345.6一つだけに減らしたにすぎない．

したがって，アリスとボブの発言による実際の結果は次のようになる．

第 5 章 ロシア式カード

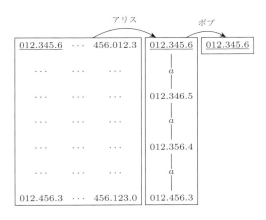

この分析で重要なのは，アリスは自分が正しいと分かっていることしか言わないということだ．そうでなければ，アリスが嘘をついていないと自分で分かっている，と想定することなどできないだろう．知っていることが正しいと言うことは，単に正しいことを言うよりも限定されている．それが正しいとは知らずに，正しいことを偶然に言うかもしれないからだ．

4 人目のプレーヤーとしてダークを導入することで，正しいと分かっていることを言うのと，正しいことを言うのの違いを明確にすることができる．アリス，ボブ，キャスの 3 人がテーブルを囲んで座っていて，ダークは，テーブルの周りを歩いて，すぐ近くから全員の手札を見ることが許されている（したがって，このことは全員の共有知となっている）と想像しよう．そこで，次のような会話がなされたと想像してみよう．

> ダークが「ボブの手札は 012 か，または，アリスの手札は 012 である」と言い，その後で，ダークが「ボブの手札は 345 か，または，アリスの手札は 345 である」と言う．

これを，アリスとボブが次のように言うのと比べてみよう．

> アリスが「あなたの手札は012か，または，私の手札は012である」と言い，その後で，ボブが「あなたの手札は345か，または，私の手札は345である」と言う．

二人の発言を次のように言い換えると，彼らが言ったことはダークが言ったことと同じ文言になってしまう．

> アリスが「ボブの手札は012か，または，アリスの手札は012である」と言い，その後で，ボブが「ボブの手札は345か，または，アリスの手札は345である」と言う．

しかし内容は実は同じではないのである．アリス，ボブ，ダークはそれぞれ自身が知っていることだけを言う．しかし，ダークは，アリスやボブよりも**多く**のことを知っている．それゆえ，奇妙なことだが，ダークの発言は，アリスやボブが同じ発言をするのに比べて情報量がかなり**少ない**．アリスの手札が012でなければ，アリスは彼女の発言が正しいと分からない．なぜなら，アリスはボブの手札を見ることができず，それゆえ，ボブの手札が012だと知ることはできないからである．しかし，アリスの手札が012でなくても，ダークは自分の発言が正しいと分かっている．なぜなら，ダークにはボブの手札が012であるのが見え，それゆえ，ボブの手札が012だと知っているからである．

　誰が言うかによって同じ発言が異なるように解釈されうるというのは，分かりにくいかもしれない．これを回避するには，プレーヤーにその発言が正しいと知っていると「実際に」言わせればよい．アリスは，単に「あなたの手札は012か，または，私の手札は012である」と言うのではなく，「あなたの手札が012か，

または，私の手札が012であると，私は知っている」と実際に言うことにするのである．言い換えると，次の二つの発言を比べていることになる．

- ボブの手札が012か，または，アリスの手札が012であると，アリスは知っている．
- ボブの手札が012か，または，アリスの手札が012であると，ダークは知っている．

前者は，4通りの配られ方で成り立つが，後者は8通りの配られ方で成り立つ．

　ダークの役割は，ほかの謎解きにおける問題出題者や司会者の役割に似ている．ダークは，謎解きの設定についてすべてを知っていて，かつ，ダークの知っていることは正しいのである．そのため，「ボブの手札が012か，または，アリスの手札が012であると，ダークは知っている」の意味は，「ボブの手札が012か，または，アリスの手札が012である」の意味と同じである．したがって，前述の比較は，「ボブの手札が012か，または，アリスの手札が012であると，アリスは知っている」と「ボブの手札が012か，または，アリスの手札が012である」の比較だともいえる．一般的に言えば，ある命題の意味と，より限定された「プレーヤー x はその命題を知っている」の意味を比べているのである．

5.2　ほかのプレーヤーが何を知っているかを知る

　次のように言うことも，この問題の解にはならない．

> アリスが「私の手札に 6 はない」と言い，ボブが「私の手札にも 6 はない」と言う．

キャスの手札に 6 があるのだから，アリスの発言からキャスはアリスの手札が何であるかを知ることはないようだし，一方で，345 を持っているボブは，アリスの手札が 012 だと知る．その後，アリスはボブの発言からボブの手札が 345 だと知り，キャスは依然として何も分かっていないように思える．それでも，これは解になっていない．問題は，アリスが発言をしたとき，アリスはキャスの手札が 6 だとは知らないということだ．アリスの手札は 012 なので，アリスはキャスの手札が 5 かもしれないとも考えうる．そうだとすれば，アリスの発言から，ボブの手札に 6 があることがキャスに分かってしまうだろう．それゆえ，アリスは，自分の手札に 6 がないと言えないのだ．

ここでも，3 人の手札をすべて知っているダークが，2 人と同じ発言をした場合と比べてみよう．正確に言えば，次のとおりである．

> ダークは「アリスの手札に 6 はない」と言い，そして，ダークは「ボブの手札にも 6 はない」と言う．

これらの発言の後でも，キャスはほかのプレーヤーの手札についてまだ何も分からないままである．ダークの最初の発言の後では，(6 枚のカードのうちの 3 枚を手札とする) アリスの手札に 6 がない 20 通りの配られ方が残り，2 番目の発言の後でも，012.345.6 と 345.012.6 は残っている．したがって，キャスはまだ何も分かっていない．

ここまでで

- 「アリスの手札に 6 はない」という発言の後，キャスはほかのプレーヤーの手札について何も知らない．
- 「アリスの手札に 6 はない」という発言の後，キャスがほかのプレーヤーの手札について何も知らないということをアリスは知らない．

ということが分かる．キャスがまだ何も分かっていないということをアリスは知らないのだから，アリスがこう発言することはできない．

　手札に 6 がないというこの発言を，「自分の手札にないカードをアリスが発言する」という取り決めに従った発言の実行と見ると，この取り決めがうまくいかない理由は，次のように表せそうである．つまり，たとえば自分の手札に 5 がないなどという発言を実行してしまうと手札をキャスに知られないままにできない，ということだ．このことから考えると，どのように実行しても手札をキャスに知られないままにできる取り決めであれば，うまくいくかもしれない．しかし，そのような取り決めも安全ではない．次のような発言を考えてみよう．

　　　アリスは「私の手札は 012 か，あるいは，その中の 1 枚も持っていない」と言い，ボブは「私の手札は 345 か，あるいは，その中の 1 枚も持っていない」と言う．

この発言の背後にあるのは，「実際の手札に対して，それらを持っているか，あるいは，その中の 1 枚も持っていないと言う」という（仮想的な）取り決めであり，その取り決めに従った唯一の発言のしかたがこれである．このときも，ダークが「アリスの手札は 012 か，あるいは，その中の 1 枚も持っていない」と「ボブの手札は 345 か，あるいは，その中の 1 枚も持っていない」と

いう発言をしたとすると，その後では少なくとも012.345.6と345.012.6という可能性が残り，したがって，キャスには（自分が持っている6を除いて）二人の手札が分からないままである．問題は，アリスとボブがこれを言う場合である．この複雑な事態は，分かっていることと分かっていないことに関して記述すると，かなり興味深い．1番目の発言を考えてみよう．ダークが「アリスの手札は012か，あるいは，その中の1枚も持っていない」と言った後には，次の可能性が残っている．

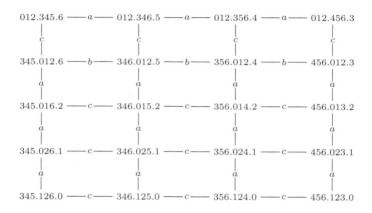

実際の配られ方は012.345.6であることを思い出そう．この場合，もちろんキャスは012.345.6と345.012.6を区別できないので，ほかのプレーヤーの手札について何も知らない．しかし，このモデルから分かることはまだたくさんある．そのことから，ダークが発言した結果はこの図のようになるが，アリスが同じように発言してもこうはならない理由を説明できる．

（以前とは異なり）ほかのプレーヤーの手札についてキャスは何も知らないとアリスは知っていることもこのモデルから分かる．アリスは，012.345.6, 012.346.5, 012.356.4, 012.456.3を区別で

きない．これらの場合すべてにおいて，キャスはほかのプレーヤーの手札について何も分からない．(別の) 例として，012.346.5 だったとすると，キャスはそれと 346.012.5 を区別できないし，012.356.4 だったとすると，キャスはそれと 356.012.4 を区別できない．そして最後の 012.456.3 についても同様である．

しかし，キャスは**そのこと**を知らない．すなわち，キャスは，ほかのプレーヤーの手札についてキャスが何も知らないとアリスが知っていることを知らない．キャスは 012.345.6 と 345.012.6 を区別できない．345.012.6 が実際の配られ方だったとすると，アリスはそれと 345.016.2 を区別することはできなかったであろうが，345.016.2 なら，キャスはボブの手札に 0 と 1 があると分かる．(キャスが区別できない 4 通りの配られ方 345.016.2, 346.015.2, 356.014.2, 456.013.2 のいずれの場合にも，ボブは 0 と 1 を持っている．) したがって，アリスは，自分の手札が 345 であったならば，「私の手札は 012 か，あるいは，その中の 1 枚ももっていない」と発言することはないだろう．アリスの手札が 346, 356, 456 である場合も同様である．

したがって，キャスは，アリスの手札が 012 のときにだけアリスにはこの発言ができると結論する．それゆえ，キャスには，アリスの手札がすべて分かるのである．

整理すると，「アリスの手札が 012 か，あるいは，その中の 1 枚も持っていない」という発言の後，

- キャスは，ほかのプレーヤーの手札について何も知らない．
- ほかのプレーヤーの手札についてキャスが何も知らないとアリスは知っている．
- ほかのプレーヤーの手札についてキャスが何も知らないとアリスが知っていることをキャスは知らない．

アリスの発言の後，キャスは，ほかのプレーヤーの手札についてキャスが何も知らないとアリスが知っていると仮定してよい．それゆえ，ダークではなくアリスがその発言を行ったならば，キャスは前述のモデルを（1行目の）4通りの配られ方に限定することができ，そこでは，アリスの発言の後に，ほかのプレーヤーの手札についてキャスが何も知らないとアリスが知っているのは正しい．そして，それゆえ，キャスは3人の手札がすべて分かる．

キャスには，アリスの発言から3人の手札がすべて分かっているので，それに引き続くボブの発言を分析しても，得ることは何もない．

5.3 問題の解答

ここまで，アリスとボブによる発言のさまざまな例を見てきたが，いずれもどこかがうまくいかない．この謎解きの解を系統的に探すにはどうすればよいかはそれほどあきらかではない．なぜなら，ゲームの規則に従えば，アリスとボブは何度でも発言してもよく，公然と発言する限り，二人はどんなことを言ってもよいからである．すると，選択肢は数多くあることになる．アリスはボブに「私は3を持っているか，あるいは，もし私が2を持っているならばあなたは6を持っているかキャスは5を持っている，あるいは，もし私が0, 4, 6のいずれかを持っているとき，あなたが2を持っていればキャスは4を持っている」と言うこともできる．このような複雑な構造をもつ命題がもたらす情報の帰結を調べることは簡単ではない．しかし，幸運なことに，事態はこれよりも単純である．情報の初期状態はきちんと記述された有限のモデルであり，いかなる情報をもたらす発言も，それが公開されている限り，その有限の構造を制限する結果になる．その制限のしかたは高々有限個である．しかし，さらによいことがある．特

別な形式の発言だけを考えればよいのである．プレーヤーが言うことのできることは何であれ，そのプレーヤーの手札はある選択肢の集合の中のいずれかであるという発言と等価になる．プレーヤーは正しいこと，そして正しいと分かっていることしか言えないので，この選択肢の集合は，あきらかに，そのプレーヤーの実際の手札を含んでいなければならない．解を探す範囲をこのように限定できることはよさそうに思えるが，発言の種類は，それを発言するプレーヤーのとりうる手札の種類のべきになることに注意しよう．（プレーヤーの手札の可能性は 35 種類あり，それゆえ 2^{35} 種類の発言を考慮することになる．）「私の手札には 6 は含まれない」や「キャスの手札は 6 である」というような発言は，（アリスの）「私の手札は 012，……のいずれかである」という発言や（ボブの）「私の手札は 345，……のいずれかである」という発言で置き換えることができる．それでは，実際の手札に対して何通りの選択肢を加えればいいだろうか．1 通り，2 通り，あるいは 3 通り以上が必要だろうか．プレーヤーはほかのプレーヤーの知識について推論するので，すべてのプレーヤーの実際の手札が何であろうと，アリスやボブの手札についてキャスには何も分からないほどに十分な数の選択肢が必要になる．

　アリスが「私の手札は 012 か，あるいは，134 である」と言ったとしよう．これは何がまずいのだろう．キャスの手札が 3 ならば，キャスはアリスの発言からアリスの手札が 012 だと知る．アリスの手札が 134 で，キャスの手札が 0 ならば，キャスはアリスの手札が 134 だと知る．アリスが 2 通りだけの手札を言うと，常にその 2 通りに現れるカードの少なくとも 1 枚はアリスが持っていないカードである．しかし，キャスの手札がそのカードだとしたら，キャスはアリスの手札をすべて知ることになる．したがって，2 通りの手札では不十分である．

　それでは，アリスが「私の手札は 012 か 034 か 156 である」

と言ったとしよう．これでもまだ，危険な場合がある．キャスの手札が6ならば，キャスはアリスの手札に0があることを知る．3通りの手札のほかの組み合わせに対しても，同じような問題が生じる．

アリスの発言によってキャスに情報が漏れないことがアリスに分かるためには，4通りの手札でさえも十分ではない．その理由は次のようにして説明できる．

> 四つの三つ組には $4 \cdot 3 = 12$ 枚のカードが現れる．カードは7種類しかないので，その中の少なくとも2種類は1度しか現れない．ここでは，それがちょうど2種類であるとしてよい．なぜなら，3種類以上のカードが1度しか現れないとしたら，それ以外のカードで3度現れるものがなければならない．キャスがそのカードを持っていたら，キャスは一つの三つ組を除いて，残りを排除することができ，それゆえ，その残った三つ組が実際のアリスの手札でなければならない．そして，キャスは，3人の手札をすべて知ることになるからである．四つの三つ組の集合の中で，1度だけしか現れないカード i を含む三つ組を選ぶ．その三つ組の残りの2枚のカードの少なくとも1枚は2度現れるから，それをカード j とする．（その三つ組の残りの2枚も1度しか現れないとしたら，四つの三つ組の中に1度しか現れないカードが3種類あることになる．）ここで，キャスがそのカード j を持っていたとする．j を含まない残りの二つの三つ組は，i も含まない．しかし，これは，ボブの手札に i があるとキャスが知ることを意味する．こうして，またしてもうまくいかない——

それゆえ，いかなる解においても，それを構成するアリスの発

言は少なくとも五つの三つ組（手札）を含む．そして，実際には，そのような解がある．

> アリスは「私の手札は，012 か 034 か 056 か 135 か 246 のいずれかである」と言い，その後でボブは「キャスの手札は 6 である」と言う．

ボブの手札は 345 であり，次のようにしてアリスの発言からアリスの手札が 012 であると知る．これら五つの三つ組のうち，012 以外は，ボブの持っているカードを 1 種類以上含んでいる．アリスの実際の手札がどうであっても，ボブは，アリスの発言からアリスの手札を知ることになる．たとえば，アリスの手札が 246 だとすると，ボブの手札は，013, 035, 135, 015 のいずれかになる．ボブの手札が 013 だとすると，アリスの発言にある手札は，246 を除いて，0, 1, 3 のいずれかを含んでいる．したがって，ボブはアリスの手札が分かる．アリスの手札が 246 のときのボブの手札がほかの 3 通りの場合も同じである．そして，アリスの発言にあるほかの手札についても，同様である．

アリスの実際の手札が何であっても，アリスやボブの手札についてキャスは何も分からないことも示さなければならない．

キャスの手札が 0 だとしよう．すると，アリスの手札は 135 か 246 になりうるだろう．これでは，アリスやボブの手札についてキャスは何も分からない．なぜなら，1, 2, 3, 4, 5, 6 のそれぞれは，この 2 通りの手札の少なくとも一方に現れ（したがって，ボブの手札にその数があるとキャスには結論できず），またこの 2 通りの手札の少なくとも一方には現れない（したがって，アリスの手札にその数があるとキャスには結論できない）．

つぎに，キャスの手札が 1 だとしよう．すると，アリスの手札は 034, 056, 246 のいずれかになりうるだろう．この場合も，0,

2, 3, 4, 5, 6 のそれぞれは，この 3 通りの手札の少なくとも一つに現れ，少なくとも一つには現れない．

キャスがそのほかのカードを持っていた場合も同様である．

アリスの発言の結果は，次のような図式を使うと見やすくなる．この場合の図式は，少し単純にして，プレーヤーの名前をラベルとする辺は表記していない．アリスは同じ行にある配られ方を互いに区別できず，キャスは同じ列にある配られ方を互いに区別できない．ボブは，このすべての配られ方を区別できる．

012.345.6	012.346.5	012.356.4	012.456.3		
034.125.6	034.126.5			034.156.2	034.256.1
		056.123.4	056.124.3	056.134.2	056.234.1
135.024.6		135.026.4		135.046.2	135.246.0
	246.013.5		246.015.3	246.035.1	246.135.0

ここで，ボブの「キャスの手札は 6 である」という発言を分析する．ボブはこれを正直に言っている．なぜなら，ボブは，3 人の手札をすべて知っているからである．あきらかに，アリスは，このボブの発言からボブの手札が分かる．ボブのこの発言は，ボブの実際の手札となりうる候補を列挙する次のような発言と同じ情報を与える．

> ボブは「自分の手札は，345, 125, 024 のいずれかである」と言う．

これで，前述の 20 通りの配られ方のうち，（具体的には，キャスの手札が 6 である列にある）次の 3 通りが残る．あきらかに，キャスは，ほかのプレーヤーの手札について何も分からない．

$$012.345.6$$
$$034.125.6$$
$$135.024.6$$

これを確認すれば，これがロシア式カード問題の解であることが最終的に確定する．ロシア式カード問題には別の解もある．それぞれのプレーヤーに配るカードの枚数を変えると，また別の解がある．そして，4人以上のプレーヤーの場合に対してもさらに別の解がある．これらの問題は，まさに知識の論理と組合せ論の交わる部分にある．このように一般化したロシア風カード問題の解は，アリスとボブが交互に行う一連の発言で構成される取り決めであり，二人の言うことは常に彼らの実際の手札の選択肢を列挙したものと見なすことができる．このような一連の発言は，この節で見たような背後にある取り決めに従って発言を実行したものと見なすことができるが，このような一連の発言の後では，アリスはボブの手札を知り，ボブはアリスの手札を知るが，いかなる配られ方に対して正直に発言がなされても，アリスやボブの手札についてキャスが何も知ることはないのである．

最後に，ロシア式カード問題とその変形や一般化に対する別の解を示す．

5.4 関連問題

Puzzle 26

次のような発言がされたとしよう．

アリスが「私の手札は 012, 034, 056, 135, 146, 236, 245 のいずれかである」と言い，その後にボブが「キャスの手札は 6 である」と言う．

これが解になっていること，そして，この解は前述のアリスが 5 通りの手札の選択肢を発言する解とは異なることを示せ．

Puzzle 27

次のような発言がされたとしよう.
　　アリスが自分の手札の和を 7 で割った余りを言い,その
　　後でボブはキャスの手札を言う.
これが解になっている理由を論証せよ.この解は,ほかの
解と異なるか.

Puzzle 28

キャスにはアリスかボブの手札の一部を知られてもよい
が,二人の手札すべてを知られてはならないとしよう.そ
うでなければ,問題の設定に違いはまったくなくなってし
まう.アリスとボブには,キャスには配られ方を知られる
ことなく,自分の手札をお互いに知らせるもっと簡単な方
法がある.そのような解を求めよ.

　次のパズルは,アリスがボブに伝えることだけを考える.ここ
まで読み進めてくると,次の問題のアリスの発言が,アリスの 4
枚の手札に対するいくつかの選択肢で構成されることは明らかで
あろう.実際のカードの配られ方は 0123.456789A.BC であると
する.

Puzzle 29

アリス,ボブ,キャスはそれぞれ 4 枚,7 枚,2 枚の手札
を持っている.アリスは,アリスとボブの手札について
キャスに何も知られることなく,自分の手札のことをボブ
に大っぴらに伝えるには,どうすればよいか.

　最後は,4 人以上のプレーヤーのパズルで締めくくろう.ここ
では,発言のための取り決めは 3 段階以上になる.また,解に対

する要求も次のように弱める．立ち聞きをする者には，彼自身の手札以外のカードの持ち主を知られてはいけない．しかし，彼自身の手札以外のカードの持ち主が誰でないかは知られてもよい．3人のプレーヤーの場合は，あるカードがアリスの手札でないとキャスに分かれば，それはボブの手札でなければならない．しかし，アリス，ボブ，キャス，イブの4人のプレーヤーの場合は，あるカードがアリスの手札でないとイブに分かっても，イブはそれがボブの手札なのかキャスの手札なのかを確定できないかもしれない．

次のパズルを解くためには，発言を手札の選択肢としてではなく，(ボブがキャスの手札について発言するというように)それぞれのカードの持ち主についての命題としてモデル化すると分かりやすい．

Puzzle 30

アリス，ボブ，キャスはそれぞれ2枚，3枚，4枚のカードを持っている．4人目のプレーヤーであるイブは，立ち聞きをしていて，カードの配られ方を知ろうとしている．イブはカードを持っていない．アリス，ボブ，キャスは，誰がどのカードを持っているのかイブに知られることなく，彼らのカードについて互いに公然と伝えるにはどうすればよいか．

問題の成り立ち

この謎解きの知られているもっとも古い出典は，英国で研究をしていた19世紀の数学者カークマンの論文 [53] である．この問題は 2000 年にモスクワで開催された数学オリンピックで出題された．そこで，審査員は，

> アリスはボブに「あなたの手札は012か，あるいは，私の手札は012である」と言い，その後でボブはアリスに「あなたの手札は345か，あるいは，私の手札は345である」と言う．

という種類の解法に出くわしたが，このような解法を不適格とするのは難しいと考えた．アレクサンダー・シェンが，この数学オリンピックに関わっていた．この話は，のちに [68] で報告された．報じられた正解は，パズル27で示した和の剰余を用いるやり方であった．アレクサンダー・シェンはこれをマーク・ポーリーに話し，マーク・ポーリーはこれをハンス・ファン・ディトマーシュに話した．これらの会話の成果として，[101] が発表された．それが，この章で提示した論理分析である．この時点では，ファン・ディトマーシュはこの問題はモスクワ発祥だと考えた．それゆえ，彼はこれをロシア式カードと呼んだ．あとになって，彼はそれよりも古いカークマンの論文を見つけた．ファン・ディトマーシュは，この謎解きの名前を変えようとした．しかし，その時には，それはもう彼の手を離れていた．ロシア式カードという名前が，研究者の間で広まってしまっていた．今でもロシア式カードと呼ばれ，一般化されたロシア式カード問題という名前で更なる精緻化が進められている．これに関するオランダ語の論文として [100] がある．

　ロシア式カード問題は7枚のカードを使う．5.4節では，3人のプレーヤーへの配り方が異なるものや，それぞれのカードの所有者以外の情報を秘密にするものや，4人以上のプレーヤーなどのいくつかの一般化を紹介した．パズル28では，機密情報を交換するための取り決めという領域に足を踏み入れた [28]．パズル29は，[2] から取り上げた．（ただし，起源はそれよりも古いかもしれない．）[21] では素数による手札の和の剰余をさらに一般化し，[90] ではその取り決めについての最近の取扱いを述べている．そして，パズル30では，[27] で発展させられた技法を用いている．

第6章

足し合わせた数は誰の額に？

Q アン，ビル，キャスの額には，それぞれ正整数が一つ書かれている．3人は，それぞれほかの二人の額だけを見ることができる．その三つの数のうちの一つは，残りの二つの数の和になっている．ここまでに述べたことは，すべて3人の共有知である．ここで，3人が順に正直に発言する．

アン「私には自分の数が分からない」

ビル「私には自分の数が分からない」
キャス「私には自分の数が分からない」
アン「私は自分の数が分かった．それは 50 だ」
それでは，残りの二つの数はいくつだろうか．

6.1 不確実性の木構造

　アンの数は 50 である．三つの数のうちの一つは，残りの二つの数の和である．アンの数は，アンが見ている残りの二つの数の和か差でなければならない．もし，二つの数の差であれば，アンが見ている二つの数の一方は，アン自身の数とアンが見ているもう一つの数の和でなければならない．この問題を解くのに，これがどのような助けになるのか，それほど明らかではない．3 人の数には無限に多くの可能性がある．アンは，16 と 34 を見ている（この場合，アンは自分の数が 50 なのか 18 なのか分からない）かもしれないし，同様に 250 と 200 を見ている（この場合，アンは自分の数が 50 なのか 300 なのか分からない）かもしれないし，2 と 48 を見ている（自分の数が 50 なのか 46 なのか分からない）かもしれない．……．また，アンは二つの 25 を見ているかもしれない．この場合の差は 0 であるが，額に書かれることが許されているのは正整数だけなので，0 が額に書かれることはない．そうすると，アンは自分の数が 50 であると分かるだろう．しかし，アンの最初の発言では，自分の数が分からないと言っている．したがって，アンが見ているのは二つの 25 ではない．そう，ここが出発点である．それでは，この問題を系統的に調べてみよう．

　状況を，$(5, 8, 13)$ のような三つ組で表現する．ここで，三つ組の第 1 成分はアンの数，第 2 成分はビルの数，第 3 成分はキャスの数である．アンは，この三つ組と $(21, 8, 13)$ を区別できない．

第 6 章 足し合わせた数は誰の額に？

アンは，自分の数が 5 であるか 21 であるかを確定できないのだ．

見えている二つの数が同じ場合はいつでも，アンは彼女自身の数がその二つの数の和であると分かる．アンの数はその二つの数の和か差のいずれかであるが，その差は 0 であり，0 は彼女の数とはなりえない．それゆえ，自分の数はその和でなければならないとアンは分かる．この三つ組を $(50, 25, 25)$ だとしよう．アンは二つの 25 を見ているので，彼女自身の数は 50 でなければならない．この場合，ビルとキャスはそれぞれ自分の数は分からない．ビルは，三つ組 $(50, 25, 25)$ と $(50, 75, 25)$ を区別できないし，キャスは $(50, 25, 25)$ と $(50, 25, 75)$ を区別できない．そして，もし三つ組が $(50, 75, 25)$ だったとしたら，アンはそれと $(100, 75, 25)$ を区別できなかったであろうし，キャスはそれと $(50, 75, 125)$ を区別できなかったであろう．このようにして，どんどん続けると，3 人それぞれの自分の額の数についての不確定性を「木構造」によって図示することができる．その木構造の根は，$(50, 25, 25)$ になる．これが図の一番上にくる．（数学的な木は上から下に向かって伸びる．）その下に三つ組 $(50, 75, 25)$ と $(50, 25, 75)$ を置く．ここで，誰が根とその下に置かれる三つ組

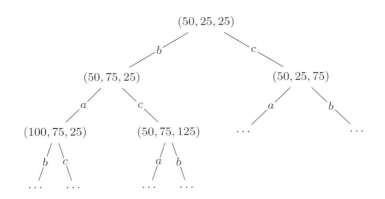

を区別できないかを，三つ組を結ぶ辺のラベルによって表す．次に，三つ組 $(100, 75, 25)$ と $(50, 75, 125)$ が $(50, 75, 25)$ の下に置かれ，これがさらに続いていく．一般的な規則として，二つの三つ組のうち，それらの成分の一つが大きいほうを下に配置する．

　一般的なパターンは次の通りである．木構造のそれぞれの頂点は三つ組 (x, y, z) であり，$x = y + z$, $y = x + z$, $z = x + y$ のいずれかが成り立つ．アンの額に書かれているのは三つ組の第1成分である．それゆえ，アンの視点からは，数 x は y と z の和か，y と z の差，すなわち，その二つの数の大きいほうから小さいほうを引いたものでなければならない．次の図では，その差を絶対値 $|y - z|$ で表している．

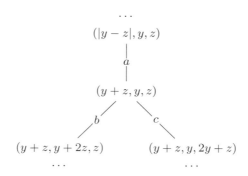

　$(50, 25, 25)$ を根とする木構造は，$x \geq 1$ であるときの $(2x, x, x)$ を根とする任意の木構造と同じ形になる．たとえば，$(10, 5, 5)$ を根とする木構造を考えてみる．$(50, 25, 25)$ を根とする木構造では，この根はビルにとって $(50, 75, 25)$ と区別できない．一方，$(10, 5, 5)$ を根とする木構造では，この根はビルにとって $(10, 15, 5)$ と区別できない．同じ形の木構造になっているのだ．最小の数の組み合わせは，$(2, 1, 1)$ を根とする木構造に現れる．$(2, 1, 1)$ を根とする木構造に対して適用した知識分析は，同

じように $(10, 5, 5)$ を根とする木構造や $(50, 75, 25)$ を根とする木構造, そして実際には $(2x, x, x)$ を根とする任意の木構造に適用できる. $(2, 1, 1)$ を根とする木構造は次のようになる. ただし, 見やすさのために, $(2, 1, 1)$ ではなく 211 のように表記している.

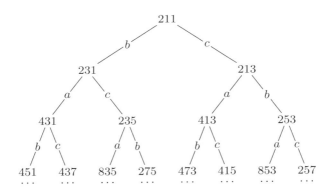

6.2 有効な情報を与える発言

それでは, 3 人が順に発言したときに, この情報構造に対して何が起きるかを見てみよう. 最初の発言は

　　アン「私には自分の数が分からない」

である. アンにとって自分の数が分かる状態, 具体的には $(2, 1, 1)$ を除外する. その結果の構造は次のようになる.

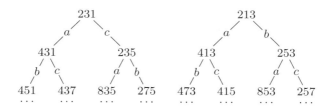

2番目の発言は

　　　ビル「私には自分の数が分からない」

である．今度は，ビルにとって自分の数が分かる状態（三つ組）は，もはやありえないので除外される．もちろん，初期の情報状態からではなく，アンの発言を処理した結果から除外するのである．これは，$(2,3,1)$ は取り除けるが，$(2,1,3)$ は取り除くことはできないことを意味する．なぜだろうか．状態が $(2,3,1)$ だとしたら，最初，ビルはそれと $(2,1,1)$ を区別できなかったであろうが，自分の数が分からないとアンが言ったので $(2,1,1)$ は除外されている．それゆえ，ビルは自分の数が 3 だと分かる．しかし，ビルは自分の数が分からないと言った．それゆえ，状態は $(2,3,1)$ ではない．$(2,1,3)$ は，ビルにとって，その下方にある $(2,5,3)$ と区別することができない．ビルもまた自分の数が分からないのであるから，これらの三つ組は，両方の木構造にあるほかの三つ組と同様，残される．

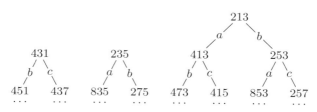

3 番目の発言は

   キャス「私には自分の数が分からない」

である．ここで，キャスには自分の数が分かる状態を取り除く．それは，$(2,3,5)$ と $(2,1,3)$ である．$(4,3,1)$ は残る．それは，キャスにとって $(4,3,7)$ と区別できないからである．

問題は，この時点でこの問題を解くのに十分な情報が得られているかどうかである．4 番目の発言は

   アン「私は自分の数が分かった．それは 50 だ」

である．これで，木というよりもむしろ 5 本の木からなる森の中で，アンにとって自分の数が分かる三つ組を決めることができる．アンにとって自分の数が分かる三つ組は次の 3 通りである．

$$(4,3,1)$$
$$(4,1,3)$$
$$(8,3,5)$$

（キャスが発言する前には，アンにとって $(8,3,5)$ は $(2,3,5)$ と区別できなかったので，キャスが発言した後の図では省略されている $(8,3,5)$ につながる辺のラベルはいずれも a ではない．） この $(4,3,1), (4,1,3), (8,3,5)$ のいずれも，アンの数は 50 ではない．しかし，すでに述べたように，この情報分析は，すべての数を定数倍した木構造に対して

も成り立つ．したがって，これは，$(2,1,1)$ を根とする木構造だけでなく，$x \geqq 1$ としたときの $(2x, x, x)$ を根とする任意の木構造に対する分析である．ここまでくると，問題は，50 が 4 か 8 の倍数か，すなわち，4 か 8 は 50 の約数かどうかということになった．どちらも 50 の約数ではない．これではお手上げである．しかし，本当にそうだろうか．

6.3 問題の解答

$(2,1,1)$ を根とする木構造は，3 人にとっての不確定性をモデル化した木構造のうちのひとつにすぎない．そのような木構造は，無限個ある $(2x, x, x)$ を根とする木構造のほかにもある．そのほかに 2 種類の木構造があり，それは $(1,2,1)$ を根とする木構造と $(1,1,2)$ を根とする木構造である．そして，それらの数を定数倍したものは，いずれもこのモデルの木構造である．結局のところ，これらでモデル全体が記述される．一つの成分がほかの二つの成分の和であるような任意の三つ組 (x, y, z) に対して，その中の最大の数を，残りの二つの数の差で置き換え，結果として得られた三つ組にこの手順を繰り返すと，必ず $(2w, w, w), (w, 2w, w), (w, w, 2w)$ のいずれかの形の三つ組になるからである．（三つの数 x, y, z のうちの二つに**ユークリッドのアルゴリズム**として知られているものを適用すると，w がそれらの最大公約数であることが分かる．）別の言い方をすると次のようになる．任意の三つ組 (x, y, z) は，$(2,1,1), (1,2,1), (1,1,2)$ のいずれかを根とする木構造に現れる三つ組の成分を定数倍したものである．

木構造の三つ組の成分を定数倍するのではなく，成分を入れ替えると発言の情報にもとづく結果が変わる．すなわち，ほかの二つの木構造では，発言による影響が異なる．$(1,2,1)$ を根とする木構造では，ビルだけが自分の数が分かることになる．この木構

第 6 章　足し合わせた数は誰の額に？

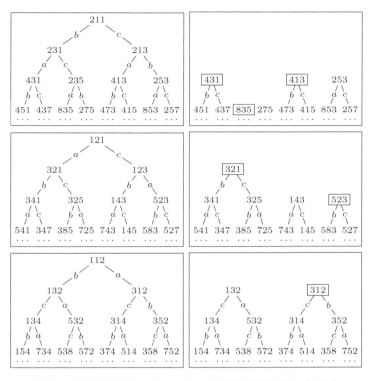

図 6.1　自分の数が分からないという 3 人の発言の情報にもとづく結果

造の中の三つ組はいずれも，最初の段階ではアンには自分の数が分からない．それゆえ，自分の数が分からないとアンが言っても，この木構造が変わることはない．アンの発言はまったく情報を与えてくれないのである．2 番目のビルの発言だけが情報を与えてくれる．この場合，三つ組が $(1, 2, 1)$ でないと分かる．三つ組が $(1, 2, 1)$ ならば，ビルには自分の数が分かるからである．それに続くキャスの発言もまた情報を与えてくれる．$(1, 1, 2)$ を根

とする木構造では，アンやビルの発言では有効な情報を与えてくれない．キャスの発言だけが，情報の変化をもたらす．具体的には，(1, 1, 2) が除去されるのである．三つの木構造と，3人の連続する発言の情報にもとづく結果を図 6.1 に図示した．アンに自分の数が分かる状態を四角で囲んである．

これで，この問題を解くために十分な情報が得られた．アンに自分の数が分かる三つ組は，次の 6 通りである．

$$(4, 3, 1)$$
$$(8, 3, 5)$$
$$(4, 1, 3)$$
$$(3, 2, 1)$$
$$(5, 2, 3)$$
$$(3, 1, 2)$$

この 6 通りの選択肢のうち，(5, 2, 3) だけが，アンの数が 50 の約数になっている三つ組である．それゆえ，アンは

アン「私は自分の数が分かった．それは 50 だ」

と言うことができ，ビルの数は 20 でなければならず，キャスの数は 30 でなければならない．これで問題は解けた．実際には，それ以上である．ほかの二つの数が何であるかが分かっただけでなく，それぞれ誰がどの数であるかも分かったのだ．最後に，この謎解きの関連問題を紹介しよう．

6.4 関連問題

この謎解きは，次のように定式化することもできる．

アン，ビル，キャスそれぞれの額には，正整数が一つ書かれている．3人は，それぞれほかの二人の額だけを見ることができる．その三つの数のうちの一つは，残りの二つの数の和になっている．ここまでに述べたことは，すべて3人の共有知である．ここで，3人が順に正直に発言する．

アン「私には自分の数が分からない」

ビル「私には自分の数が分からない」

キャス「私には自分の数が分からない」

これでアンには自分の数が分かり，3人の数はすべて素数だとしたら，それらの数はいくつだろうか．

この答えは，もちろん5, 2, 3でなければならない．より正確には，「アンの数は5，ビルの数は2，キャスの数は3」である．著者の一人のハンス・ファン・ディトマーシュはこの変形が好みであった．彼は，これを友人のロイに試してみた．ロイは頭が切れる．ロイは躊躇することなくすぐにこう答えた．「その数は2, 3, 5だ」 その答えを見つけるための木構造の計算は自明とは程遠いのに，どうしてロイがそんなに素早くこの答えを見つけたのかハンスは理解できなかった．ロイはこう言った．「単に素数を小さいほうから三つ言っただけさ．それがもっとも自明な答えみたいだったからね」 正解である．謎解きを定式化するときには，十分に注意しなければならない．

Puzzle 31

あなたはこの「和になる数は誰に書かれているか」の謎解きを友達から出題されたが，正整数 $(1, 2, 3, \cdots)$ ではなく，自然数 $(0, 1, 2, \cdots)$ が書かれていると言われたとしよう．問題の設定はほかの点では同じである．額に書かれている数に0を許すと，額の数が何であるかを決められないことを示せ．

Puzzle 32

自然数に対する「和になっているのは誰か」の謎解き（額に書かれている数に 0 を許す）を考える．あなたは不精者で，計算機のプログラムを書いて答えを見つけようとする．これをプログラムするためには，対象領域は有限でなければならない．そこで，あなたは，許される数の上限を決めた．$x, y, z \leq \max$ であるような三つ組 (x, y, z) だけを許すのである．ここで，max は上限であり，たとえば，10 とか 21 とかである．

上限が，この謎解きの性質を変える．たとえば，上限を 10 として，3 人の額の数が $(4, 9, 5)$ だとする．キャスは自分の数が 5 だと分かる．なぜなら，4 と 9 の和は 13 であり，それは上限よりも大きいからである．ここで，上限が小さすぎると，最初の三つの発言はもはや正しくなくなる．しかし，上限が大きすぎると，アンには自分の数が分からないような三つ組ができてしまう．

自分の数が分からないというアン，ビル，キャスの発言の後で，アンが必ず自分の数が分かるような最大値はいくつか．

問題の成り立ち

この謎解きは，2004 年に専門誌 *Math Horizons* に問題 182 として掲載された [64]．これは，数理娯楽に関する連載記事である．ハンス・ファン・ディトマーシュが最初にこの謎解きを耳にしたのは，自然数を使った変形であったが，それは解くことができないものであった．その変形や上限を設定したもの（パズル 31 や 32）は，実際のパズルを知るのに先立ってこの問題を理解するために試みたものである．パズル 32 の上限は，ジ・ルアンが書いたスクリプトを用いてモデル検査器 DEMO（A Demo of Epistemic Modeling）によって検証した [107]．

第7章

和と積

Q A は，S と P に対して次のように言う．「私は，$1 < x < y$ かつ $x + y \leqq 100$ であるような二つの整数 x と y を選んだ．今から，それらの和 $s = x + y$ を S に伝え，それらの積 $p = xy$ を P に伝える．それぞれに何と伝えたかは互いに秘密にしておくが，がんばってこの x と y を見出してほしい」

A は，言ったとおりのことを行った．そして，次のような会話がなされた．
(1) P が「私には二つの数が分からない」と言う．
(2) S が「あなたには二つの数が分からないことは，私には分かっていた」と言う．
(3) P が「今，私には，二つの数が分かった」と言う．
(4) S が「今，私も，二つの数が分かった」と言う．
このとき，x と y を求めよ．

7.1 はじめに

和と積の謎解きが，謎解きと呼ばれているのはもっともである．なぜなら，(「和 (sum)」を意味する) S と (「積 (product)」を意味する) P による発言は，それほど有効な情報を与えないように見えるからである．二人は，自分の分かっていることや分かっていないことについてのみ語っていて，実際の数については何も言っていない．それでも，これらの発言は，数の対の可能性を除外できるような情報を S と P に与える．たとえば，二つの数は 2 と 3 にはなりえないし，二つの素数にもなりえない．なぜなら，このような場合はいずれも，P は直ちにその積から二つの数を導けるだろうからだ．このとき，P は，最初の発言で正直に「私には二つの数が分からない」と言うことはできなかったであろう．多少難しいが，二つの数が，たとえば，14 と 16 になりえないことも分かる．もしそうだとしたら，その和は 30 になる．これは二つの素数 7 と 23 の和でもある．もし積が $7 \cdot 23$ であれば，P はその二つの数が分かったであろう．言い換えると，和が 30 ならば，P には二つの数が分かるかもしれないと S は考える．しかし，S は，「あなたには二つの数が分からないことは，私には分

かっていた」と言った．それゆえ，二つの数は 14 と 16 にはなりえない．

このようにしていくつかの数の対を除外することによって，S と P は互いの発言からこの問題の唯一の解を求めるのに十分な情報を得た．読者がこれを自力で解きたいのであれば，今，この時点で解いてみてほしい．しかし，さらにヒントや説明がほしいのであれば，まず次の節を読んでから，この問題に挑戦するといいだろう．(それでも，解を求めることができなかったら，最後まで読むとよいだろう．)

7.2 あなたがそれを知らないことを私は知っている

Puzzle 33

A は，S と P に対して次のように言う．「私は，$1 < x < y$ かつ $x + y \leqq 10$ であるような二つの整数 x と y を選んだ．今から，それらの和 $s = x + y$ を S に伝え，それらの積 $p = xy$ を P に伝える．それぞれに何と伝えたかは互いに秘密にしておくが，がんばってこの x と y を見出してほしい」

A は，言ったとおりのことを行った．そして，次のような会話がなされた．

（1）P が「私には二つの数が分からない」と言う．
（2）S が「今，私には，二つの数が分かった」と言う．
（3）P が「私にはまだ二つの数は分からない」と言う．

このとき，x と y を求めよ．

最初の状況で，ありうる数の対は次の 12 通りである．

$(2, 3), (2, 4), (2, 5), (2, 6), (2, 7), (2, 8),$

$$(3,4),\ (3,5),\ (3,6),\ (3,7),\ (4,5),\ (4,6)$$

これらのうち，いくつかの対は同じ和になる．たとえば，$(2,5)$ と $(3,4)$ である．二つの対だけが同じ積になる．それは，$(3,4)$ と $(2,6)$ である．これは，次のように図示できる．同じ和になる数の対は，実線（**等和線**）で結ばれている．同じ積になる数の対は，破線（**等積線**）で結ばれている．

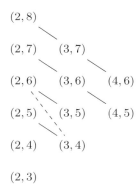

ここで，P が「私には二つの数が分からない」と言うので，それらの数が P に分かるような数の対をすべて除外する．たとえば，二つの数が $(2,3)$ であったとすると，その積は 6 になり，P はその二つの数が 2 と 3 であると分かる．しかし，P は，二つの数が分からないと言った．それゆえ，その二つの数は $(2,3)$ ではありえない．しかしながら，二つの数が $(3,4)$ であったとすると，P はそれと $(2,6)$ を見分けることができない．それ以外の（$(2,3)$ などの）場合はすべて，P は二つの数が分かる．それゆえ，P の発言を処理した結果は次のようになる．

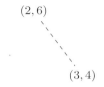

P の発言は，S にとって有効な情報をもたらす．二つの数が 2 と 6 であれば，P が発言する前には，S は $(2,6)$ と $(3,5)$ を見分けることができない．なぜなら，どちらもその和は 8 だからである．しかし，P が発言した後では，S は二つの数が 2 と 6 であると分かる．同様にして，二つの数が 3 と 4 であれば，P が発言する前には，S は $(3,4)$ と $(2,5)$ を見分けることができない．なぜなら，どちらもその和は 7 だからである．しかし，P が発言した後では，S は二つの数が 3 と 4 であると分かる．

P の発言に続いて，S は「今，私には，二つの数が分かった」と言った．これは P に有効な情報をもたらさない．P はすでにそのことが分かっているからである．しかし，P はまだ $(2,6)$ と $(3,4)$ を見分けることができない．それゆえ，P は「私にはまだ二つの数は分からない」と言ったのである．

7.3 あなたがそれを知らなかったことを私は知っていた

もとの謎解きでは，S が「あなたには二つの数が分からないことは，私には分かっていた」と言う．すなわち，P には二つの数が分からないことが，S は分かっていた．これが「分かっていた」と過去形になっていることで，S の発言が，P が「私には二つの数が分からない」と発言する前の初期の情報状態に当てはまることが分かる．それゆえ，初期の情報状態では，「P には二つ

の数が分からないことは，S は分かっている」が成り立たなければならない．

この言明は，和が高々 10 であるようなモデルの数の対全体に対しては正しくない．たとえば，和が 8 であれば，S は $(2,6)$ と $(3,5)$ を見分けることはできない．したがって，実際の数の対が $(2,6)$ ならば，P はその二つの数が分からないが，一方，数の対が $(3,5)$ ならば，P はその二つの数が分かる．それゆえ S は，この二つの可能性を考慮して，二つの数が P に分かるかどうかは分からないと判断する．

Puzzle 34

もとの謎解きにおいて，和が 11 であれば，P には二つの数が分からないと S は分かっていることを示せ．

和が 11 になるすべての数の対に対して，それと同じ積になるような別の数の対があるかどうかを決定しなければならない．和が 11 になる数の対（とそれと同じ積になる数の対）の一覧は次のようになる．

和が 11 になる対	その対の積	同じ積をもつ別の対
$(2,9)$	18	$(3,6)$
$(3,8)$	24	$(4,6), (2,12)$
$(4,7)$	28	$(2,14)$
$(5,6)$	30	$(2,15), (3,10)$

数の対が $(2,9)$ であったとしよう．すると，S は和が 11 になるほかの三つの対と $(2,9)$ を見分けることができない．これらの対の場合はいずれも，二つの数が何であるか P には分からない．なぜなら，その対と同じ積になる別の対があるからである．それゆえ，数の対が $(2,9)$ ならば，「P には二つの数が分からないと S は分かっている」は正しい．

第 7 章 和と積

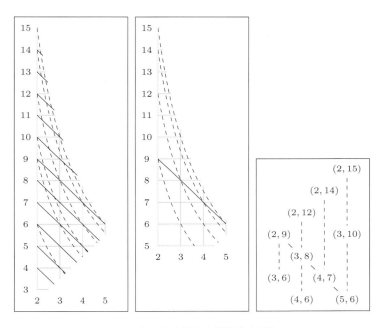

図 7.1 等和線（実線）と等積線（破線）

図で見ると，実線（等和線）で結ばれた和が 11 になるそれぞれの対は，いずれも同じ積になる別の対と破線（等積線）で結ばれている．これを分かりやすくするために，図 7.1 のように，格子上に等和線と等積線を描画する．左の図には，格子全体を示した．中央の図には，和が 11 の等和線とそれに交わる 4 本の等積線だけを示した．それを見た目に単純化すると，右の図になる．

7.4 和と積の解答

四つの発言は次のとおりであった．

（1） P が「私には二つの数が分からない」と言う.
（2） S が「あなたには二つの数が分からないことは，私には分かっていた」と言う.
（3） P が「今，私には，二つの数が分かった」と言う.
（4） S が「今，私も，二つの数が分かった」と言う.

●1番目の発言

（1） P が「私には二つの数が分からない」と言う.

分析において，この発言はなくてもよい．なぜなら，この後の S の発言によって，「分かっていた」と過去形が使われているからである．この過去形は，2番目の発言が初期の情報状態に対して処理される必要があることを示しており，したがって，1番目の発言も含意している．引き続き，核心に迫る三つの発言を分析する．

●2番目の発言

（2） S が「あなたには二つの数が分からないことは，私には分かっていた」と言う.

P には二つの数が分からないことが S には分かるような二つの数の和は 10 通りある．その和の一つは，7.3 節で例示した 11 である．これを系統的に求めるためには，11 に対して行ったことをすべての可能な和に対して行わなければならない．これは，$1 < x < y$ でかつ $x + y \leq 100$ であるから，和が 5 以上 100 以下のすべてという意味である．しかし，それは思ったほど大変ではない．

まず最初に，$(2, 4)$ を除いて，和が偶数になる対を除外することができる．それは，すべての偶数は二つの素数の和になるという有名な「ゴールドバッハ予想」が，100 より小さい数に対しては成り立っているからである．そのような場合には，P には二つの数が分かっているかもしれないと S は考える．（なぜなら，数の対

の積が二つの素数の積であれば，数の対は一意に決まるからである．）これで，**ほとんどすべての偶数の和は除外することができる**．和が6であれば，S と P はともに数の対が $(2,4)$ であると分かる．6は，二つの同一の素数の和，具体的には $3+3$ であるが，$x+y$ における x と y は異なっていなければならないから，この組み合わせはありえない．6より大きい偶数が素数の2倍でなければ，前述のゴールドバッハ予想により相異なる2素数の和になる．一方，素数の2倍であっても100以下であれば，相異なる2素数の和になることを個別に確かめることができる．

ほかにも除外することのできる数の対がいくつかある．

q が奇素数ならば，$q+2$ を和とする対はすべて除外することができる．（素数は q よりも p と呼ぶことが一般的であるが，p はすでに x と y の積を表すのに使ってしまっている．）なぜなら，対 $(2,q)$ は，積が $2q$ になる唯一の対であるからである．

和 $x+y$ が50以上の素数 q より大きければ，$(x+y-q, q)$ はその積になる唯一の対である．なぜなら，積が $(x+y-q)q$ になる二つの数の一方が q でなければ，その一方の数は q に $x+y-q$ の約数を掛けたものでなければならず，それゆえ，それは少なくとも $2q$ でなければならないが，それは100よりも大きくなってしまう．同じ積になる別の数の対の和も100以下でなければならないので，これはありえない．53が素数であるから，55以上の和はすべて除外することができる．

S の発言が成り立つような和は次のとおりである．

$$11, 17, 23, 27, 29, 35, 37, 41, 47, 53$$

和11については，前述のパズル34を参照のこと．次に小さい和は17である．和が17になる数の対と，そのようなそれぞれの数の対と積が等しくなる別の対を列挙する．そのほかの和について確認するのは，読者に委ねる．

和が 17 になる対	その対の積	同じ積をもつ別の対
(2, 15)	30	(3, 10), (5, 6)
(3, 14)	42	(2, 21), (6, 7)
(4, 13)	52	(2, 26)
(5, 12)	60	(2, 30), (3, 20), (4, 15), (6, 10)
(6, 11)	66	(2, 33), (3, 22)
(7, 10)	70	(2, 35), (5, 14)
(8, 9)	72	(2, 36), (3, 24), (4, 18)

引き続き，2番目の発言から得られる情報の結果を図式として表現する．まず，初期の情報状態をモデルにする必要がある．全体を適切な大きさで図示できないので，下の図ではいくつかの数の対だけを示しているが，それは見やすさのためにすぎない．図において，同じ和になる数の対は，対角線方向に並んでいる．それらは実線で結ばれていて，前節と同じように，これを等和線と呼ぶ．残った10通りの和のそれぞれに対して，そのような等和線があるが，図には 11, 13, 17, 23 に対する等和線だけを示している．同じ積になる数の対は破線で結ばれていて，これを等積線と

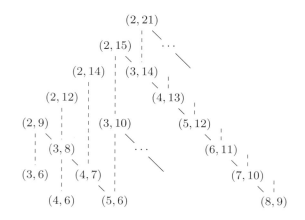

呼ぶ．その規則性は少し分かりづらい．（等和線と等積線の交わりは，双曲線 $xy=p$ と対角線 $x+y=s$ の交点となる，座標が整数の点にほかならない．）

S が「あなたには二つの数が分からないことは，私には分かっていた」と言うとき，11, 17, 23 などの 10 通りの和以外のすべての等和線（を構成する数の対すべて）は除外される．たとえば，和が 13 の等和線はここで除かれる．（$3+10$ は，二つの素数の和 $2+11$ に等しいからである．）また，残った等和線と交わらない等積線やそれらの等和線の 1 本とだけしか交わらない等積線も除かれる．（等積線が残った等和線とまったく交わらないならば，その等積線上の除外される対はすべて，除かれた等和線上にあった対である．等積線が残った 10 本の等和線の 1 本とだけ交わるならば，その積になる対はその等和線上の対として残るが，等積線は除かれる．なぜなら，等積線になるためには，その線上に少なくとも二つの対が必要だからである．）たとえば，除かれた等積線の 1 本である $(4,13)$ を通る等積線については，同じ積になる別の対は $(2,26)$ だけであるが，その和は二つの素数 5 と 23 の和に等しい．その結果のモデルを再び図式的に描くと，次のようになる．

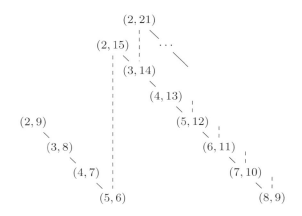

●**3番目の発言**

（3） P が「今，私には，二つの数が分かった」と言う．

この発言がなされたモデル（前図）では，2種類の数の対がある．それは，その積がほかの等和線上の数の対の積のどれとも**等しくないもの**と，その積がほかの等和線上の数の対の積に等しいものである．前者のように積の等しい対がないものを**閉対**と呼び，後者のように積の等しい対があるものを**開対**と呼ぶ．

閉対に対しては，P はその二つの数が分かり，開対に対しては，P はその二つの数が分からない．P は二つの数が分かったと言うのであるから，この発言によりすべての開対は除外される．

和が11の等和線上には開対 $(5,6)$ が一つあり，これは3番目の発言で除外され，ほかの三つの閉対は，そのまま残る．

和が17になる数の対（前述の表も参照のこと）に対して，3番目の発言がなされる直前の情報状態では，同じ積になる別の対は次の表のとおりである．

和が17になる対	その対の積	同じ積をもつ別の対
$(2,15)$	30	$(5,6)$
$(3,14)$	42	$(2,21)$
$(4,13)$	52	——
$(5,12)$	60	$(3,20)$
$(6,11)$	66	$(2,33)$
$(7,10)$	70	$(2,35)$
$(8,9)$	72	$(3,24)$

それゆえ，和が17の等和線からは，3番目の発言の後には対 $(4,13)$ だけが残る．

ここまでで和が11と17の等和線に対して開対を除外したのと同じ手順を，残りの8本の等和線に対しても行うことができる．その結果を図式的に表すと次のようになる．

第 7 章 和と積

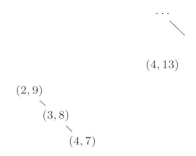

●4 番目の発言

（4） S が「今，私も，二つの数が分かった」と言う．

3 番目の発言の後，その上に一つの数の対だけが残されている等和線は 1 本だけである．それは和が 17 の等和線であり，数の対は $(4,13)$ である．そのほかの等和線は 2 個以上の対を含む．和が 11 の等和線上には，$(2,9),(3,8),(4,7)$ が残っていることが分かっている．また別の例として，和が 23 の等和線上には（少なくとも）$(4,19)$ と $(10,13)$ がある．そのほかの等和線についての確認は，読者に委ねる．2 個以上の対を含む等和線は，4 番目の発言によりすべて除外される．それゆえ，二つの数は 4 と 13 でなければならない．これで，この謎解きは解けた．

非常に数多くの数の対の可能性の中から，分かっていることや分かっていないことに関する言明という，その数を間接的に参照しているだけの発言によって，たった一つの数の対だけが残るというのは，驚嘆に値する．何千とある数の対の可能性から，唯一の解となるたった一つの対を決めるのに，わずか三つの発言だけで十分なのである．

7.5 関連問題

Puzzle 35

この変形では，P による 3 番目の発言は，「二つの数が分かった」ではなく，「二つの数が分からない」である．この発言のあと，S には二つの数が分かる．そして，そのあとで，P にもその二つの数が分かる．

もとの謎解きでは，二つの数を求めるのに最初の発言はなくてもよかったことを思い出そう．（最初の発言は 2 番目の発言に含まれている．）この変形での P の最後の発言もまた，（もとの謎解きにおける S による最後の発言とは異なり）二つの数を求めるのに必要ではない．読者は，4 番目の発言までで二つの数を求めることができる．

A は，S と P に対して次のように言う．「私は，$1 < x < y$ かつ $x+y \leqq 100$ であるような二つの整数 x と y を選んだ．今から，それらの和 $s = x+y$ を S に伝え，それらの積 $p = xy$ を P に伝える．それぞれに何と伝えたかは互いに秘密にしておくが，がんばってこの x と y を見出してほしい」

A は，言ったとおりのことを行った．そして，次のような会話がなされた．

(1) P が「私には，二つの数が分からない」と言う．（この発言はなくてもよい．）
(2) S が「あなたには二つの数が分からないことは，私には分かっていた」と言う．
(3) P が「私には，まだ二つの数は分からない」と言う．
(4) S が「今，私には，二つの数が分かった」と言う．
(5) P が「今，私には，二つの数が分かった」と言

う．（この発言はなくてもよい．）
このとき，x と y を求めよ．

Puzzle 36

パズル 33 では二つの数の和は 10 以下であったが，この二つの数が等しい場合，すなわち $x = y$ も許すことにする．このことがモデルや発言による情報の変化に与える影響を示せ．

Puzzle 37

もとの謎解きで，$x = y$ となることも許すとしよう．これによって，初期のモデルや，原理的には，その後の情報を処理する過程でも，S と P にとっての不確定性が変わってくる．しかしながら，2 番目の発言の結果として得られるモデルは，もとの謎解きと同じになる（それゆえ，その後の二つの発言の結果も同じになる）ことを示せ．

問題の成り立ち

1969 年に，著名なトポロジー研究者ハンス・フロイデンタールは和と積の謎解きを発表した [30]．これは，専門誌 Nieuw Archief voor Wiskunde（新数学アーカイブ）の 1969 年の最終号に掲載された問題 223 である．

> 問題 223：A は，S と P に対して次のように言う．「私は，$1 < x < y$ かつ $x + y \leqq 100$ であるような二つの整数 x と y を選んだ．今から，それらの和 $s = x + y$ を S にだけ伝え，それらの積 $p = xy$ を P にだけ伝える．それぞれに何と伝えたかは互いに秘密にしておくが，がんばってこの x と y を見出してほしい」
> A は，言ったとおりのことを行った．そして，次のような会話がなされた．

(1) P が「私には,その対が分からない」と言う.
  (2) S が「あなたにはそれが分からないことは,私には分かっていた」と言う.
  (3) P が「今,私には,その対が分かった」と言う.
  (4) S が「今,私も,その対が分かった」と言う.
  このとき,対 (x, y) を求めよ.　　　　　　　　（H. フロイデンタール）

この章の問題は,この原型に非常に近い形で提示した.

これに続く 1970 年の Nieuw Archief voor Wiskunde では,さまざまな解が論じられた [31]. この問題を解いた人たちの名前が挙げられた. 興味深いことだが,多くのこうした人たちが,のちにオランダの数学界や計算機科学界で著名になった. その後,和と積の謎解きは,別の国々で再び注目されることとなった. 人工知能の創始者の一人であるマッカーシーが,1970 年代後半に和と積の謎解きについて書いたのである. これは,のちに正式に論文として発表された [69]. その論文の中で,マッカーシーは泥んこの子供たちの問題も扱った. 和と積の謎解きのマッカーシーによる定式化は次のとおりである.

  $2 \leqq m \leqq n \leqq 99$ であるような二つの整数 m と n が選ばれる. それらの和は S 氏に伝えられ,それらの積は P 氏に伝えられる. それに続いて,次のような会話がなされる.
  (1) P 氏:「私には,二つの数が分からない」
  (2) S 氏:「あなたにはそれが分からないことは,私には分かっていた. 私も二つの数は分からない」
  (3) P 氏:「今,私には,二つの数が分かった」
  (4) S 氏:「今,私も,二つの数が分かった」
  上記の対話から考えると,二つの数はいくつか.

フロイデンタールのもとの問題と,マッカーシーの問題では,次のような違いがある.

- マッカーシーの問題では,それぞれの数が 99 以下だが,フロイデンタールの問題では,それらの和が 100 以下である.
- マッカーシーの問題では,二つの数は等しくてもよいが,フロイデン

タールの問題では，等しくなることはない．
- マッカーシーの問題では，S 氏による 2 番目の発言には「私も二つの数は分からない」が含まれているが，フロイデンタールの問題にはこの追加の情報はない．

こうしたことによって，フロイデンタールの問題に比べて，マッカーシーの問題は，初期状態では多くの数の対を許し，2 番目の発言は見た目にはより多くの情報を含んでいる．こうした違いを組み合わせても一つだけにしても，謎解きの答えには何ら違いは生じない．（これは，この謎解きの広範囲におよぶ文献で，何度も何度も確認されている．パズル 37 も参照のこと．）

1970 年代以降，フロイデンタールの和と積の謎解きに対してさまざまな変形が提案されてきた．その中には，違った発言をする変形や，数の範囲が違う変形もある．パズル 35 は，著者らが考案したものである．娯楽数学に関する文献中の和と積の謎解きのさまざまな変形については，たとえば，[36], [80], [51], [16], [17], [18], およびウェブサイト www.mathematik.uni-bielefeld.de/~sillke/PUZZLES/logic_sum_product を参照のこと．なかでも，[51] の簡潔で洗練された解析はおすすめである．

どのようにしてフロイデンタールからマッカーシーにこの謎解きが伝わったのか分かっていない．マッカーシーが，この謎解きについて書いたとき，フロイデンタールの出典について知らなかったし，（個人的なやりとりによれば）[36] を書いたガードナーもまたフロイデンタールのことを知らなかった．マッカーシーは，フロイデンタールの論文が発表されてから 10 年ほどのちに，彼が働いていたスタンフォード大学の近くにある研究所であるゼロックス PARC の掲示板でこの謎解きを見つけた．フロイデンタールとマッカーシーの結びつきに対する欠落の調査は [111]（オランダ語）で報告された．この謎解きは，いわゆる公開告知論理の最初の論文 [76] で一際目立って提示され，この謎解きの別の変形が，認識論理による分析なども含め，[109] で再考察された．

第8章

2通の封筒

Q お金持ちが見分けのつかない二つの封筒をあなたに渡す．その二つの封筒には，それぞれある額のお金が入っている．一方の封筒に入っているお金は，もう一方の封筒に入っているお金の2倍である．あなたは，その二つの封筒から一つを選んで，その中のお金を受け取ることができる．一方の封筒を選び，開いてみると，そこには100ド

ルが入っている．ここで，お金持ちは，もう一方の封筒と取り替えてもよいと申し出た．あなたはどうすべきか．

8.1 大きな期待

あなたは，何に基づいて決断すべきだろうか．数学者は，このために，確率論と呼ばれる枠組みを発展させた．下した決断に対する**期待値**を計算するために，それぞれの結果の確率を使うことができる．誰かが硬貨を投げて，表が出ればあなたは6ドルを受け取り，裏が出ればあなたは4ドル支払うものとする．表と裏の出る確率は等しい（50％の確率で表が出て，50％の確率で裏が出る）という前提のもとで，硬貨を投げたときの期待値は1ドルだと計算することができる．言い換えると，このゲームを十分多くの回数行うと，平均してあなたは1ゲームあたり1ドルが得られるということだ．このゲームを100回行い，ちょうど50回勝ち，ちょうど50回負けたとしよう．すると，300ドルを獲得し，また，200ドルを支払う．したがって，差し引きで100ドルを獲得し，1ゲームあたり1ドルを獲得している．もちろん，47回勝って，53回負けるということもあるかもしれない．あるいは，もっと勝つかもしれないが，より偏った結果は急激に起こりにくくなる．たとえば，硬貨に偏りがないならば，30回勝って70回負けるということはほとんど起こりそうもない．

このように，封筒を交換すべきかどうかを決めるために確率論を使うことができる．確率論によって，期待値が最大になる封筒を選ぶことができる．あきらかに，あなたが手にしている封筒の期待値は，実際の金額，すなわち100ドルである．もう一方の封筒の期待値はいくらだろうか．それに入っている金額は，二つの可能性のうちの一つである．その封筒には，50ドルが入っ

ているか 200 ドルが入っているかであり，これらは等しく起こりそうに見える．したがって，50 ドルを獲得する確率は 50% であり，200 ドルを獲得する確率も 50% である．それゆえ，期待値は，$\frac{1}{2} \cdot 50 + \frac{1}{2} \cdot 200 = 125$ ドルになる．この期待値は，手元にある封筒の期待値 100 ドルよりも大きいので，あなたはもう一方の封筒と交換すべきである．

確率論はあなたに封筒を交換するよう助言しているように見えるが，これは常識と相反しているように思える．手元の封筒の中の金額がいくらであろうとも，もう一方の封筒の期待値のほうが常に大きくなるからである．最初に選んだ封筒には x ドルが入っていたとしよう．すると，もう一方の封筒には $\frac{1}{2}x$ ドルか $2x$ ドルが入っている．したがって，もう一方の封筒の期待値は $1\frac{1}{4}x$ ドルである．(これは，$\frac{1}{2} \cdot \frac{1}{2}x + \frac{1}{2} \cdot 2x = 1\frac{1}{4}x$ という計算から得られた結果である．) もう一方の封筒の期待値のほうが常に大きいのならば，最初からもう一方の封筒を選ぶのと同じことである．そうすれば，交換する必要はない．しかし，そうだとすると，その封筒からみれば，もともと最初に選んだであろう封筒のほうが常に期待値が大きくなってしまう．あなたがどちらの封筒を選ぶとしても，最初に選んだ封筒では決して満足できないようにみえる．

8.2 微妙な誤り

あなたに封筒を交換するよう仕向けるこの論証には，微妙な誤りが含まれている．もう一方の封筒に 50 ドルが入っている確率が，それに 200 ドルが入っている確率と等しいという前提は正しくない．そうでなければならないということはないのだ．このお金持ちが少しケチで，彼がこのゲームをするときには，常に 50 ドル札を入れた封筒と 100 ドル札を入れた封筒を使うと仮定しよ

う．すると，もう一方の封筒には必ず50ドルが入っていることになる．一方，このお金持ちは気前がよく，常に100ドルを入れた封筒と200ドルを入れた封筒を使うならば，もう一方の封筒には間違いなく200ドルが入っていることになる．このお金持ちが封筒にどれだけ入れるかという方針によって，最初の封筒の中に100ドルが入っていたときのもう一方の封筒の期待値は決まる．

次のような配分の方針を考えてみよう．お金持ちは硬貨を投げて，表が出れば，二つの封筒にそれぞれ50ドルと100ドルを入れる．裏が出れば，二つの封筒にそれぞれ100ドルと200ドルを入れる．ここで，あなたの選んだ封筒に100ドルが入っていれば，もちろん，もう一方の封筒に50ドルが入っている確率は，それに200ドルが入っている確率と等しいことになる．この場合には，封筒を取り替えるべきである．しかし，あなたがもう一方の封筒を最初に選んだならば，封筒を取り替えるよう勧められることにはならない．手元の封筒に200ドルが入っていたならば，封筒を取り替えないだろうし，一方，手元の封筒に50ドルが入っていたならば，封筒を取り替えるだろう．いずれの場合も，もう一方の封筒に100ドル入っていることが分かっているからである．

したがって，封筒の取り替えを正当化する理由は間違っている．しかし，それでもあなたはどちらをとるか決めなければならない．封筒を取り替えるべきか，それとも取り替えるべきでないか．残念ながら，この問いに答えることはできない．このお金持ちが二つの封筒にどのようにお金を入れるかが分からない限り，封筒を取り替えるべきかどうかについて何もいうことはできない．もし，お金の入れ方が分かっているならば，前述のように，封筒を取り替えるべきかどうかについて気のきいたことも言えるだろうが，まったく何も情報がなければ，それはできない．

8.3 関連問題

二つの封筒の問題の次の変種は，アリババの問題と呼ばれている．それは，[74] で述べられたものである．

Puzzle 38

お金持ちは，二つの区別できない封筒の一方の中身をあなたにくれると約束する．彼は一方の封筒にお金を入れ，それをあなたに渡す．そして，こっそりとサイコロを投げる．サイコロの目が奇数ならば，彼はあなたに渡したお金の半額をもう一方の封筒に入れる．サイコロの目が偶数ならば，あなたに渡したお金の倍額をもう一方の封筒に入れる．そこで，お金持ちは，封筒を取り替えるかどうか尋ねる．あなたは封筒を取り替えるべきだろうか．

問題の成り立ち

このパズルはパラドックスと呼ばれることもある．それは，このような複雑な問題を呈しているからである．数学者を含む多くの人が，これにひどく悩まされる．

パラドックスとして，もっとも古くから知られているのはネクタイに関するもので，クライチックの小冊子 [58] で述べている．

> 二人の人が，それぞれ自分のネクタイのほうがイカしていると主張する．二人は，その判定をする第三者を呼ぶ．勝った方は，そのネクタイを残念賞として負けた方にあげる．競い合う二人はそれぞれ次のように考える．「自分のネクタイのほうが値打ちがあることが分かっている．もし負けたとしても，それよりもいいネクタイがもらえるのだから，このゲームは自分に有利である」どのようにして，このゲームが二人ともに有利でありうるのだろうか．

クライチックは，二人の人がそれぞれの財布に入っている硬貨の枚数を比べるという問題についても論じている．この形は，[37] にも登場する．この章で紹介した形がどこから始まったか明らかではない．[123], [124] には，[74] から知ったと述べられているが，この謎解きの成り立ちがたどれるのはここまでである．

この章で提示した解は，[1] に基づいている．

第9章
100人の囚人と 1つの電球

Q 100人の囚人のグループが刑務所の食堂に集められて，次のように言われる．これから全員がそれぞれ独房に入れられたのち，スイッチつきの電球がひとつだけある部屋で一人ずつ取調べを行う．囚人たちはその電球を点灯または消灯することであとから入ってくる囚人とやりとりしてもよい（そして，それだけがやりとりをする唯一の手段である）．電球

の明かりは部屋の外に漏れない．最初，電球は消えている．取調べは決められた順序で行われるのではなく，取調べの間隔も決まってはおらず，どの時点においても，それまでに何度か取調べを受けた囚人がまた取調べを受けるかもしれない．囚人は取調べを受けるとき，電球のスイッチをそのままにしておくか，あるいは点灯・消灯させることができる．

囚人の誰かが取調べを受けるときに，100人の囚人全員がすでに取調べを受けたと宣言することが目標である．その宣言が正しければ，囚人は全員釈放されるが，間違っていれば，全員が処刑される．独房に入れられる前に食堂に集められた囚人たちは，自分たちが釈放されるように事前の取り決めを交しておくことができるだろうか．

9.1 たった1ビットで どうやって100まで数えるか

この謎解きは答えがないように思われる．情報の伝達に使えるのは，電球の点灯・消灯によるたった1ビットである．しかし，囚人は100人いる．100という数は $2^6 = 64$ と $2^7 = 128$ の間にある．それゆえ，100を2進法で表現すると，7ビットが必要になる．この謎解きを解くための事前の取り決めについて語るまでもない．これをやってのけるのに，どうして1ビットで足りるというのか．

数学での一般的な対処として，小さな数に対する解を，それよりも大きな数に対する解に一般化するというものがある．これは，いわゆる数学的帰納法による証明に似たようなものである．あることが成り立つことを基本的な場合（たとえば囚人が一人の場合や二人の場合）に示し，nの場合（たとえば囚人がn人の場合）の証明

が与えられたとき，$n+1$ の場合を証明することができるならば，それは（基本的な場合から先の）すべての自然数 n において成り立つ．囚人の謎解きにおいては，数学的帰納法は，直感の邪魔をしているように思える．囚人が一人の場合や二人の場合には，取り決めを簡単に見つけることができるが，二人の場合から 3 人の場合への橋渡しとなる一歩が見つかりそうにない．ここで，囚人が一人の場合に問題を解き，次に二人の場合に解き，そして 3 人以上の場合にもそれを適用するというように，一歩ずつ進んでいくことにする．

9.2 囚人が一人の場合

囚人が一人の場合，その囚人をアンとする．最初にアンが取調べを受けたとき，アンはすべての囚人が取調べを受けたと宣言する．アンがこうするためには，電球を必要としない．それゆえ，この場合の事前の取り決めは次のように述べることができる．

> **取り決め 1** あなたが取調べを受けたとき，すべての囚人が取調べを受けたと宣言する．

9.3 囚人が二人の場合

囚人が二人以上の場合は，取り決め 1 はうまくいかない．しかし，囚人が二人の場合には，うまくいくように修正することができる．二人の囚人をアンとボブとしよう．最初に取調べを受ける囚人は電球を点灯させる．一般性を失うことなく，最初に取調べを受けるのはアンであるとしてよい．（次のような方法により，電球が消えている部屋に入った囚人が最初に取調べを受けた囚人だと分かる．）次に取調べを受けるのは，もう一度アンか，ボブのいずれかであ

る．もし，ボブであれば，ボブは電球が点いているのを見ることになり，したがって，(囚人だけが点灯・消灯できるので) アンがすでに取調べを受けたにちがいないとボブには分かる．そこで，ボブは，すべての囚人が取調べを受けたと正しく宣言することができる．そして，アンとボブは釈放される．2人目に取調べを受ける囚人がアンであったならば，すでに電球は点いているので，アンはボブはまだ取調べを受けていないのだろうと考えてよい．なぜなら，ボブがすでに取調べを受けていれば，すべての囚人は取調べを受けたとボブが宣言し，アンもすでに釈放されているはずだからである．これは少し曖昧である．アンの推論は，ボブがそうしたであろうとアンが考えたことに基づいている．しかし，取調べに先立っての，振る舞いに対する明示的な合意，すなわち事前の取り決めに関する合意に反することはなにもない．これで，次の取り決めが得られた．

> **取り決め2** 取調べを受けるときに電球が消えていれば，それを点灯させる．取調べを受けるときに電球が点いていて，以前の取調べで点灯させたことがあれば，そのままにしておく．取調べを受けるときに電球が点いていて，以前の取調べで点灯させたことがなければ，すべての囚人は取調べを受けたと宣言する．

9.4 囚人が3人の場合の取り決め

それでは，アン，ボブ，キャロラインという3人の囚人の場合を考えよう．これはかなり難しい．この場合も，アンが最初に取調べを受け，電球を点灯するとしてみよう．つぎにボブが取調べを受けるとしよう．ボブは電球を消灯させることができる．その後で，アンが取調べを受けたら，アンはそれ以前に (自分も含め

て）少なくとも二人の囚人が取調べを受けていると分かるだろう．これで，一歩前進した．次に，キャロラインが取調べを受けるとする．残念ながら，ここでキャロラインは，他の囚人がすでに取調べを受けていると結論することはできない．取調べの間隔は決まっておらず，最初にキャロラインが取調べを受ける場合も電球は消えているので，キャロラインは最初に自分が取調べを受けているとも考えうる．キャロラインはどうすべきだろうか．……これを考えてみると，アンは最初の取調べの時に何をすべきであったかと，自問することになってしまうだろう．この空想をもう少しの間続けることにしよう．（もちろん，これは絵空事である．なぜなら，実際には助かる見込みのない結末に向かっているのだから．）電球では，たったの1ビットだけしか表せないが，囚人自身は数を数えることができる．囚人たちは，自分が点灯させた回数や消灯させた回数を数えることができる．これを事前に交す取り決めに使うことはできないだろうか．次の取り決めを考えてみよう．

取り決め3（これはうまくいかない）最初に取調べを受けるときに電球が消えていれば，点灯させる．取調べを受けるときに電球が消えていて，以前に自分で点灯させたことがあれば，そのままにしておく．取調べを受けるときに電球が点いていて，以前に点灯させたことがないならば，消灯させる．消灯させるのが2回目であれば，すべての囚人は取調べを受けたと宣言する．

この取り決め3は，望みどおりうまくいく場合もあるが，うまくいかない場合もある．まず，次のような順序で取調べが行われた場合を考えてみよう．（Aはアン，Bはボブ，Cはキャロラインを意味する．）

$$A-B-B-A-C-A$$

電球が消えていることを 0 で表し,点いていることを 1 で表すことにして,電球の状態を上つき添字によって記録すると,状態の変化を次のように表現することができる.

$$^0A^1B^0B^1A^0C^1A^0$$

そして,それぞれの囚人が電球を消灯させた回数を下つき添字によって記録すると,次のようになる.

$$^0A^1_0B^0_1B^1_1A^0_1C^1_0C^1_0A^0_2$$

アンは,3 人の囚人全員が取調べを受けたと正しく宣言する.これで,望みどおりの結果が得られた.つぎに,

$$A - B - B - C - C - A - \cdots$$

という順序で取調べが行われる場合を考えよう.前の場合と同じ表記法を用いると

$$^0A^1_0B^0_1B^1_1C^0_1C^1_1A^0_1\cdots$$

となる.この時点で,3 人の囚人は全員が一度ずつ消灯させている.また,全員が一度ずつ点灯させている.しかし,囚人たちが点灯させるのは一度だけである.したがって,この次に誰が何度取調べを受けることになったとしても,電球は永久に消えたままである.これでは,望みの結果は得られない.

では,二度消灯させるのと同じように,一度ではなく二度点灯させることにしたらどうだろうか.それでは,次の順序で取調べを受ける場合を考えよう.

$$^0A^1_0B^0_1B^1_1A^0_1B^1_1A^0_2$$

このとき,アンは 3 人の囚人全員が取調べを受けたと誤った宣言をし,囚人たちは処刑されてしまうだろう.このやり方では,い

くら修正をしても同じような問題が生じる．

前述のように決して宣言がされない取調べ順では，一人の囚人が 10 回以上も取調べを受けた時点で（全員は数が数えられるのだから），他のすべての囚人もすでに取調べを受けていておかしくないだろう，と考えたくなるかもしれない．したがって，その囚人は，全員が取調べを受けたと**推測**し，そのように宣言するかもしれない．ある時点で全員が取調べを受けていると**信じる**ことは合理的であろう．しかし，信じていることは，知識ではない．その囚人は間違っているかもしれない．疑いの余地なく，すべての囚人が取調べを受けたと分かるためには，別の種類の取り決めが必要である．

9.5 抜け道禁止

ここまでの間に，読者はさまざまな抜け道を検討してきたかもしれない．だが，この謎解きは，実のところ抜け道を使うような問題ではない．ここで，いくつかの抜け道を排除しておく．

- 消えている電球がまだ暖かったら，直前に誰かが消灯したに違いないと考える．——**暖かいか冷たいかを調べるために電球に触れることは許されない**．そして，どう見ても，これで何かができるとは思えない．どうやってこれで 100 人の囚人を数えられるというのだろうか．
- 二度目に点いているのを見たら電球を割って，割れた電球をみた囚人がまだ消灯させたことがなければ，全員が取調べを受けたと宣言する．——たしかに，囚人が 3 人の場合には，これで解けたことになるだろう．それでは，囚人が 4 人の場合に試してみよう．**電球を割ることは許されない**．とにかく，電球を割ったら，解答が分かっていても遂行で

きなくなってしまうので，やめたほうがよい．
- 時間を記録しておく．——残念ながら，その話は聞き飽きた．**取調べの間隔は一定ではない**．最初の囚人は，最初の1時間のうちに10回連続して取調べを受けるかもしれない．あるいは，3日後に最初の取調べを受けるかもしれないし，それが全体でみたときの最初の取調べであるかもしれない．どの囚人にとっても時間を記録しておくことに何ら意味はない．
- 誰が取調べを受けているかは独房から見えなくても，電球が点いているかどうかは見えるかも知れない．——**取調室は，囚人が収容されている独房から見えるところにはない**．この謎解きにおいて，そこを「独房」と呼んでいることを考えてみよ．そうすれば，これはたいして驚くに及ばない．
- 電球のスイッチと囚人のいるどの独房との間にも，秘密のつながりはない．
- 独房から，取調べ室で点灯または消灯する音は聞こえない．まったく，「独」房だということを何度説明しないといけないのか．

すべての囚人には相異なる名前があるか，あるいは1から100までのような連続した番号がつけられていてもよい．これは，まったく本質的ではない．

9.6 囚人が100人の場合の解

事前の取り決めにおいて囚人全員が同じ**役割**を担う必要はないことに気づけば，解答に一歩近づく．囚人たちは，別々にされてそれぞれ独房に連れていかれる前に，刑務所の食堂にいる間であ

れば事前の取り決めを交すことができる．囚人たちは，その取り決めにおいてそれぞれ異なる役割を担ってもよい．自分が消灯した回数を数えることは，それを行うのがその囚人だけだとすべての囚人が知っているならば，うまく使うことができる．これを次の取り決めのように具体化する．

> **取り決め 4** 囚人たちは，その中の一人を集計係に指名する．集計係以外のすべての囚人たちは次のように振る舞う．電球が消えている取調室に初めて入るときには，点灯させる．それ以外の場合は，何もしない．集計係は次のように振る舞う．集計係が取調べ室に入るときに電球が消えていれば，何もしない．取調べ室に入るときに電球が点いていれば，消灯させる．消灯させるのが 99 回目であれば，集計係はすべての囚人が取調べを受けたと宣言する．

この取り決め 4 が実際にうまくいくことは，読者自身で確かめてほしい．囚人が 3 人でアンが集計係の場合の 3 通りの実行例を次に示す．ここでも，上つき添字は電球の状態を表し，下つき添字はアンが消灯させた回数を表す．（その他の囚人たちは何も数える必要はない．）

(1) $^0 B^1 A^0_1 C^1 A^0_2$
(2) $^0 A^0 B^1 C^1 A^0_1 B^0 A^0_1 C^1 C^1 B^1 B^1 A^0_2$
(3) $^0 B^1 A^0_1 B^0 C^1 B^1 A^0_2$

アンが集計係で，100 人の囚人のうちアンとボブだけが交互に取調べを受けるとしよう．そのとき，アンは，全員が取調べを受けたと言えるようには決してならない．これでは，事前に交した取り決めは機能していないのではないか．たしかに，このような取

調べの順序では，事前に交した取り決めを全うすることはないだろう．けっして，最後の宣言は行われないだろう．しかし，それはすべての囚人が取調べを受けてはいないからである．取り決め4が完了する条件として，取調べの順序のいわゆる「公平性」ないしは「活性」と呼ばれるものがあり，この謎解きにおいては次のように述べられていた．

〔……〕，どの時点においても，それまでに何度か取調べを受けた囚人がまた取調べを受けるかもしれない．

ここで，「かもしれない」というのは，「その確率は0ではない」という意味である．この条件が成り立てば，将来のある時点の取調べで，集計係は全員が取調べを受けたと正しく宣言することができるだろう．

　すべての囚人が取調べを受けるが，公平ではない取調べの順序は何通りもある．最初の100回ですべての囚人が順に取調べを受け，その後はアンとボブが交互に取調べを受けるということも考えられる．

$$0, 1, 2, \cdots, 98, 99, 0, 1, 0, 1, \cdots$$

この取調べの順は公平ではない．「どの時点においても，それまでに何度か取調べを受けた囚人がまた取調べを受けるかもしれない」という条件を満たしていない．「どの時点においても」を最初の100回の取調べの後とすると，アンとボブだけが取調べを受けるからである．

　「どの時点においても，それまでに何度か取調べを受けた囚人がまた取調べを受けるかもしれない」が成り立つならば，どの囚人も限りなく何度も取調べを受けることになる．その理由は次のとおりである．取調べが進む中で任意の時点をとる．それよりも後で，アンはもう一度取調べを受けるであろう．すると，今度は

9.7　関連問題

●電球の初期状態が不明な場合

　最初の状態では，電球が点いているか消えているかは分からないとしよう．これでは，集計係がもう1回多く数えることにしても，取り決め4は使えない．たとえば，囚人が3人で次のような順序で取調べを受ける場合を考える．アンが宣言をするときは，その名前を太字で表記する．

（1）　$^1A^0_1C^1A^0_2$
　　　　アンが2回まで数える場合．**失敗**
（2）　$^1A^0_1C^1A^0_2B^1A^0_3$
　　　　アンが3回まで数える場合．**成功**
（3）　$^0B^1A^0_1C^1A^0_2B^0A^0_2$
　　　　アンが2回まで数える場合．**成功**
（4）　$^0B^1A^0_1C^1A^0_2B^0A^0_2$……
　　　　アンが3回まで数える場合．**失敗**

　取り決め4に従えば，アンは電球が点いているのを2回数えなければならない．3番目の例では，アンは正しく宣言している．しかし，1番目の例では，アンが2回目に取調べを受けたとき，全員が取調べを受けたというアンの宣言は正しくない．したがって，取り決め4ではうまくいかない．それでは，今度はアンが電球が点いているのを3回数えることにしよう．2番目の例では，アンは正しく宣言することができる．しかし，4番目の例では，この後にアン，ボブ，キャロラインがどのような順で何度取調べ

を受けようとも，アンが宣言をすることはない．ボブとキャロラインはそれぞれすでに点灯させていて，それに対してアンは消灯させているので，それ以降，電球は消えたままである．それではどうすればよいだろうか．

Puzzle 39
最初の状態では電球が点いているか消えているは分からないとする．この場合に問題を解く事前の取り決めを示せ．

●集計係以外の囚人の知識を用いる

囚人が3人の場合に取り決め4の前述の3通りの実行例をもう一度見てみよう．1番目の例では，3回で全員が取調べを受け，4回めの取調べでアンはそのことを知る．2番目の例でも，3回で全員が取調べを受けるが，アンがそのことを知って宣言するまでにさらに8回の取調べが行われる．もっと早く，宣言することはできないのか．実は，できるのである．この3通りの例をもう一度列挙するが，全員が取調べを受けたと最初に知る囚人がそれを知った時点を太字で表記する．

(1) $^0B^1A_1^0C^1\mathsf{A}_2^0$
(2) $^0A^0B^1C^1A_1^0B^0A_1^0C^1C^1B^2B^1A_2^0$
(3) $^0B^1A_1^0B^0C^1\mathsf{B}^1A_2^0$

彼らがそれを最初に知ることになる理由は次のとおりである．

(1) 1番目の例では，全員が取調べを受けたことを最初に知るのはもちろんアンである．
(2) 2番目の例では，キャロラインは2回目の取調べで，全員が取調べを受けたことをアンが知る前に知る．キャロラインは，

1回目の取調べで電球が点いていることに気づく．それはボブが点灯させたにちがいない．キャロラインは，2回目の取調べで，電球が消えていることを知る．これは，アンが消灯させたにちがいない．それゆえ，全員が取調べを受けたと分かるのである．

（3） 3番目の例では，ボブは全員が取調べを受けたことをアンが知る前に知る．最初に取調べを受けた時，ボブは電球を点灯させる．2回めの取調べの時には，電球は消えているが，ボブは前回の取調べで消灯させているので何もしない．しかし，電球が消えているの見たボブは，アンが取調べを受けたにちがいないこと，そしてアンが消灯させたことを知る．そして，3回目の取調べでは，ボブは再び電球が点いているのを見る．ボブは，事前に交した取り決めに従い，電球を点いたままにしておく．しかし，ボブは，キャロラインだけが点灯しうることを知っている．それゆえ，ボブは全員が取調べを受けたことを正しく宣言できるのである．

これを次の取り決めとして具体化する．ここでは，$n \geq 3$ として，囚人が n 人の場合の取り決めとして示す．この場合，すべての囚人が集計することになるので，2番目の役割を「集計係以外」と呼び続けるのは，いささか間違った呼び名ではあるが，気にする必要はない．

> **取り決め5** 集計係は，取り決め4と同じように振る舞う．集計係以外の囚人もまた，取り決め4と同じだが，それに加えて次のように振る舞う．電球が消えているのから点いているのに変わったことを観測した回数を数えて，それを $n-1$ 回観測したら，すべての囚人が取調べを受けたと宣言する．

取り決め5の表現を簡潔にするために「消えているのから点いているのに変わったことを観測」と曖昧に書いたが，それは次のような意味である．集計係以外の囚人は最初に取調べを受けたときに電球が点いていれば，それを消えているのから点いているのに変わったことを観測した回数に含める．集計係以外の囚人が点灯させたときには，消えているのから点いているのに変わったことを観測した回数に含める．それ以外に，集計係以外の囚人が，ある取調べでは電球が消えていて（それをそのままにしておき），その後の取調べで電球が点いているのを観測したときは，消えているのから点いているのに変わったことを観測した回数に含める．

取り決め5に従うと，前述の2番目の例や3番目の例では，それぞれキャロラインとボブの2回目の観測で完了することを確認してみるとよい．

Puzzle 40

アン，ボブ，キャロラインが取り決め5に従って振る舞う．ボブまたはキャロラインが，全員が取調べを受けたとアンより先に宣言する確率はどれだけか．

●全員が同じ役割を担う

ここまでの事前に交した取り決めでは，それぞれの囚人は別の役割を担い，それがパズルを解くための鍵となっていた．ここで，もう一度，囚人たちは最初の状態では電球が消えていることを知っていると仮定する．すべての囚人が同じ役割を担う取り決めがあるが，その取り決めは確率的である．すなわち，囚人の振る舞いはあらかじめ決められているのではなく，囚人はいくつかの可能な振る舞いの中から一つを選ばなければならない．ただし，どの振る舞いを選ぶかは，たとえば，公平なサイコロを振って決めるものとする．この取り決めは，**持ち点**という言葉を用い

ると説明しやすくなる.

それぞれの囚人には, **持ち点**があり, 最初の状態では 1 点をもっているとしよう. 消えている電球を点灯させると, 1 点を失う. 点いている電球をそのままにしておくときには, 失点することはない. (これまでの取り決めでは, 集計係以外だけが失点しえた.) 点いている電球を消灯させると, 1 点を獲得する. 消えている電球をそのままにしておくときには, 得点することはない. (これまでの取り決めでは, 集計係だけが得点しえた.) 囚人が n 人の場合の取り決めでは, ある囚人の点数が n 点になれば完了である. 以降では, $[0,1]$ という表記は, 0 と 1 の間の (両端を含む) 実数区間を表す.

> **取り決め 6** 取調べ室に入ったとき, 自分の持っている点数を確認する. これを m とする. ただし, 電球が点いていれば, それに 1 を加えた数を m とする. $\Pr(0) = \Pr(1) = 1$, $\Pr(n) = 0$ で, $x \neq 0, 1, n$ のとき $0 < \Pr(x) < 1$ となる関数 $\Pr : \{0, \cdots, n\} \to [0,1]$ が与えられているとする. 電球が消えているときには, 確率 $\Pr(m)$ で点灯し, 1 点を失う. 電球が点いているときには, 確率 $1 - \Pr(m)$ で消灯し, 1 点を獲得する. ある囚人の持ち点が n 点になった時点で終了する.

持ち点がないときに失点しても, 何も変わらない. それゆえ, $\Pr(0) = 1$ になっている. 上記の条件のもとで, 取り決め 6 は完了する. この常に 0 よりも大きい $\Pr$ よりも, 持ち点が (おおよそ) 高々 $n/2$ の囚人に対しては値が減少していき, 持ち点が $n/2$ より多い囚人に対しては 0 になるような関数 $\Pr$ を用いたほうがよい期待値が得られる. 言い換えれば, 全員の半分よりも多くの囚人が取調べを受けたことを知る最初の囚人が, (点数を失う確率

が 0 になって）その時点から集計係として振る舞い，集計係でない（点数を獲得するという）役割は担わなくなる．次のパズルはその一例である．このパズルでは $\Pr(3) = 0$ であるから，取り決め 6 の $\Pr(3) > 0$ という条件を厳密には満たしていないが，よりよい期待値のこの Pr を用いる．

Puzzle 41

アン，ボブ，キャロライン，ディックという 4 人の囚人への次の取調べ順に対して，$\Pr(0) = \Pr(1) = 1$，$\Pr(2) = 0.5$，$\Pr(3) = 0$，$\Pr(4) = 0$ によって取り決め 6 を用いると，すべての囚人が取調べを受けたとボブが宣言して終わることを示せ．

A, B, C, D, B, C, C, B, C, B

●最適化

取り決め 4 によるこの謎解きの解では，すべての囚人が取調べを受けたとアンが宣言するまでに平均してどれくらいの時間がかかるだろうか．取調べの間隔が決まっていなければ，この問いは無意味である．それでは，すべての囚人が取調べを受けたとアンが宣言するまでに平均して何回取調べが必要だろうか．このような問いであれば，意味をなす．もちろん，それは刑務官がどのような順序で取調べを行うかに依存する．この取調べの順序は無作為に決められると仮定しよう．そうすると，何回の取調べが行われるかを決定することができる．1 日に 1 回の取調べが行われると仮定すると，その答えはちょうどいいようにみえる．読者の楽しみを損ねないように，ここではその答えを示さない．

Puzzle 42

1 日に 1 回の取調べが行われるとする．100 人の囚人が釈

放されるまでに，平均して何日かかるだろうか．

●同期化

1日に1回の取調べが行われるならば，囚人たちが釈放されるまでに極めて長い時間を要するかもしれない．囚人たちがもっと賢明でありもっと速く決着する取り決めが見つかるかどうかが問題である．取調べの間隔について何も分かっていないならば，より速く決着する取り決めについて考えることはできない．しかし，毎日1回の取調べが行われると囚人たちが知っているとしよう．これは**同期化**の場合と呼ぶことができる．この場合，囚人たちは速く決着する取り決めを見つけうる．たとえば，囚人が3人のとき，集計係のアンが1日目に取調べを受けなかったとする．すると，すぐさまアンは，自分が取調べを受けなかったということはボブかキャロラインのいずれかが取調べを受けたにちがいないと分かり，また電球は点いていることも分かる．この種の情報を事前に交す取り決めに生かすことができる．もう一度，囚人が100人の場合を考えてみよう．

取り決め7 この取り決めは2段階に分かれる．第1段階は最初の100日で，次のようになる．最初に2回目の取調べを受けた囚人は，電球を点灯させる．この日を第 m 日としよう．この第1段階の100日目に電球が消えていれば，囚人は全員が取調べを受けたと宣言する．そうでなければ，電球は点いているので，取調べを受ける囚人がそれを消灯させる．第2段階は次のようになる．これには3種類の役割がある．

（i）第1段階で最初に2回目の取調べを受けた囚人が集計係の役割を担う．集計係は次のように振る舞う．取調べを受けるときに電球が消えていれば，何もしない．取調べ

を受けるときに電球が点いていれば、それを消灯させて、消灯させた回数として数える。そして、この回数が $100-(m-1)$ になれば、100 人の囚人全員が取調べを受けたと宣言する。

（ii）第 1 段階で取調べを受けたときに消えている電球を見た囚人は、集計係でなければ第 2 段階では何もしない。

（iii）それ以外の囚人は次のように振る舞う。取調べを受けるときに電球が消えていて、以前に点灯させたことがなければ、点灯させる。取調べを受けるときに電球が消えていて、以前に点灯させたことがあれば、何もしない。取調べを受けるときに電球が点いていれば、何もしない。

$m=2$ のときには、集計係は、当初の問題と同じく 99 回まで数えなければならない。なぜなら、集計係が 2 回目の取調べを受けたとき、彼以外には誰もまだ取調べを受けていないことが分かるからである。そして、この場合には、時間を短縮できず、むしろ長引かせる結果となる。具体的にいうと、取り決めに従って振る舞う第 1 段階の 100 日が無駄になっている。m が 2 より大きいときには、取り決め 4 と比べて時間の短縮が期待できる。たとえば、$m=3$ のときは、集計係になった囚人には、自分以外にもう一人の囚人が取調べを受けたことが分かる。第 1 段階で（平均して）無駄になる 100 日は、第 2 段階で、取調べを受けた囚人を数えなくてよい分の（平均）100 日に、さらに（平均）$\frac{100}{99}$ 日（約 1 日）を加えた日数の短縮によって帳消しになる。$\frac{100}{99}$ 日というのは、その囚人は、第 2 段階では点灯させる必要がないからである。囚人の誰かが 2 回目の取調べを受けることになるときの、1 回目の取調べからの平均日数は 13 日である。このとき、この囚人は、ほかの 11 人の囚人がすでに取調べを受けていなければな

らないことを知る．第2段階ではこの11人の囚人は何もしないので，彼らを気にしなくてよい．そして，集計係は，第2段階で99ではなく，88まで数えるだけでよい．これによって，予想される完了までの時間は約4年間短縮される．ある囚人が点灯させてから，集計係が次に取調べを受けるまで平均して100日待たなければならず，それが11人分と，何もしない囚人（役割 (ii)）の分を加えると約4年になるのである．

問題の成り立ち

IBM の研究所の2002年からのウェブページ http://domino.watson.ibm.com/Comm/wwwr_ponder.nsf/challenges/July2002.html には，囚人が23人の場合の「このパズルがハンガリーの数学者の集まりの中で広まっていた」と書かれている．どうやら，この謎解きは，米国では2001年以降に広く知られるようになったようだ．スタンフォード大学の博士課程の学生であったウィリアム・ウーは，その時以来この数学者の仲間に加わった (http://wuriddles.com)．この謎解きは，[24], [122], [104]（ドイツ語），[112]（[113] にはこの事前に交す取り決めを検証する練習問題がある）でも詳しく取り上げられた．取り決め 6 は，ポール=オリヴィエ・ドイエによる [112]．

1日に1回の取調べが行われることを前提とすると，取り決め 7 で論じたものよりもよい最適化が可能である．完了までの最小期待日数は分かっていない．現在の記録は約9年である．（[24] および http://wuriddles.com を参照のこと．）取り決め 4 が完了するまでの期間の期待値については，非常に多数の改良が行われている．速く決着する取り決めには，囚人を3種類以上の役割に分けるものや，段階を三つ以上に分けて，それまでの段階での仕事の結果によって囚人の役割を変えるようなものもある．

第10章

ゴシップの拡散

Q 6人の友人がそれぞれ秘密を持っている．彼らはお互いに電話をすることができる．電話をした二人は，互いに知っているすべての秘密を相手に伝える．すべての秘密を全員が知るためには何回の電話が必要だろうか．

10.1 ゴシップ拡散の取り決め

友人が n 人の場合にこの問題を解くことにして，n が小さいほうから順に考えていこう．友人が一人の場合には，電話をする必要はなく，友人が二人の場合には，その二人の間で 1 回電話をすれば十分である．友人が 3 人の場合には，そのうちの二人がまず電話をし，それからその二人のいずれか一方がまだ電話をしていない友人に電話をしなければならない．最後に，2 番目の電話に関わっていない友人は，その電話に関わったいずれか一方に電話をする．これで，電話を 3 回したことになる．

それでは，アマル (a)，バーラト (b)，チャンドラ (c)，デヴィ (d) がそれぞれ秘密 A, B, C, D を持っているとしよう．秘密は，真か偽の値をもつ命題として扱う．この解釈では，秘密を知っているというのは，その命題が真かどうかを知っている，すなわち，その命題が真だと知っているか，あるいは，その命題が偽だと知っているかのいずれかであることを意味する．したがって，「アマルは秘密 A を知っている」というのは，アマルは A であるかどうかを知っている，すなわち，アマルは A が偽だと知っているか A が真だと知っているかのいずれかであることを意味する．また，a から b に電話をすることを ab と表記する．電話をすることでもたらされる結果（どのような秘密が伝えられるか，など）は，どちらから電話をかけたかには関係ない．したがって，その意味では，ab という電話は ba という電話と同じである．しかし，どのような取り決めに従って電話をするかによって，その順序には違いが生じる．この後の例では，表現の都合上，できるかぎり辞書式順序を用いるようにする．

それでは，アマル，バーラト，チャンドラ，デヴィの場合に戻ろう．ab という 1 回の電話で，アマルとバーラトが互いの秘密を知るに十分であり，$ab; bc; ac$ という 3 回の電話で，アマル，バーラト，チャンドラが互いの秘密を知るのに十分である．そし

て，4回の電話 ab; cd; ac; bd で，4人の友人にすべての秘密が伝わる．これは，その背後にある次のような取り決めに従って電話をした結果である．

取り決め 8（友人が 4 人の場合） いずれか二人の友人がまず電話をする．残りの二人の友人が次の電話をする．最初の電話をした一人と 2 番目の電話をした一人が 3 番目の電話をする．そして，3 番目の電話に関わらなかった二人が 4 番目の電話をする．

この 4 回の電話による秘密の伝わり方は次のようになる．それぞれの行は，その左端の欄に示した電話の後の秘密の分布を示している．

	a	b	c	d
	A	B	C	D
ab	AB	AB	C	D
cd	AB	AB	CD	CD
ac	$ABCD$	AB	$ABCD$	CD
bd	$ABCD$	$ABCD$	$ABCD$	$ABCD$

この問題の解になる，4回の電話になるような取り決めはほかにない．そして，4回未満の電話では，すべての秘密が全員に伝わるには不十分である．これは，簡単に示すことができる．これ以外の取り決めに従うと，最初の電話に続いて，最初に電話をした一人が 2 番目の電話をするはずだ．したがって，その始めの部分は次のようになる．

	a	b	c	d
	A	B	C	D
ab	AB	AB	C	D
ac	ABC	AB	AB	D
	$\cdots$			

この後，これはどう続くだろうか．3番目の電話は，デヴィ (d) がそれに関わる場合と，関わらない場合に分けて考える．デヴィが3番目の電話に関わらないときは，もう一度 ac が電話しても何も変わらないし，ab と bc は (a と c が同じ秘密を知っているので) どちらか一方を考えればよい．前者を使うことにすると，次のようになる．

	a	b	c	d
	A	B	C	D
ab	AB	AB	C	D
ac	ABC	AB	ABC	D
ab	ABC	ABC	ABC	D
	$\cdots$			

すると，全員がすべての秘密を知るようになるには，デヴィはアマル，バーラト，チャンドラにそれぞれ1回ずつ電話をしなければならない．これで合計 **6回** の電話をすることになる．

デヴィが3番目の電話に関わったとしても，まだ D を知らない二人の友人が必ず残る．この場合も，さらに2回または3回の電話が必要になり，全部で少なくとも **5回** の電話が必要になる．

これで，次のことが示せた．(i) 4回よりも少ない電話では，全員がすべての秘密を知ることは不可能である．(ii) このほかに4回の電話だけの取り決めもない．(iii) 全員がすべての秘密を知るまでに4回より多くの電話が必要となる電話のしかたは何通りかある．対称性を考慮して友人どうしの役割を入れ替えれば，どのような取り決めに従って電話をしても，(完了までに少なくとも5回の電話が必要な) $ab;ac$ か，あるいは (完了までに少なくとも4回の電話が必要な) $ab;cd$ で始まる．

$n = 4$ の場合は，すべての秘密が全員に伝わるのに $2n - 4 = 4$ 回の電話で十分である．それでは，$n > 4$ 人の場合を考えよう．この場合もまた，$2n - 4$ 回の電話で十分である．n 人の友人を

$a, b, c, d, e, f, \cdots$ とする.次の取り決め 9 には,4 人の場合の取り決め 8 に従った $ab; cd; ac; bd$ が含まれている.実際には,取り決め 8 に従ってどのように電話をしてもうまくいくことになる.

取り決め 9(計画固定) n 人の中から 4 人を選び,その 4 人の中から一人を選ぶ.その 4 人を a, b, c, d として,その中から a が選ばれたとする.まず,a は,b, c, d を除くすべての友人 $e, f, \cdots$ に電話をする.次に,$ab; cd; ac; bd$ という電話をする.最後に,再び a は,b, c, d を除くすべての友人 $e, f, \cdots$ に電話をする.

これを合計すると $(n-4)+4+(n-4) = 2n-4$ 回の電話になる.これで,すべての秘密が全員に伝わっていることは明らかだろう.

これを $n = 6$ の場合に使うと,$2n - 4 = 8$ 回の電話になる.6 人の友人をアマル (a),バーラト (b),チャンドラ (c),デヴィ (d),エクラム (e),ファルグニ (f) とし,それぞれが持つ秘密を A, B, C, D, E, F とする.アマルは,まずエクラムに,次にファルグニにというように電話をする.

	a	b	c	d	e	f
	A	B	C	D	E	F
ae	AE	B	C	D	AE	F
af	AEF	B	C	D	AE	AEF
ab	$ABEF$	$ABEF$	C	D	AE	AEF
cd	$ABEF$	$ABEF$	CD	CD	AE	AEF
ac	$ABCDEF$	$ABEF$	$ABCDEF$	CD	AE	AEF
bd	$ABCDEF$	$ABCDEF$	$ABCDEF$	$ABCDEF$	AE	AEF
ae	$ABCDEF$	$ABCDEF$	$ABCDEF$	$ABCDEF$	$ABCDEF$	AEF
af	$ABCDEF$	$ABCDEF$	$ABCDEF$	$ABCDEF$	$ABCDEF$	$ABCDEF$

$2n-4$ 回の電話ですべての秘密を全員に伝える取り決めはこれだけではない．たとえば，取り決め 9 において，ある二人は 2 回以上電話をしている．例示した $n=6$ の場合の電話の仕方では，ae や af がそれに該当する．次のような順序で電話をしても，すべての秘密が全員に伝わるが，**同じ相手との電話は含まれない**．

	a	b	c	d	e	f
	A	B	C	D	E	F
ab	AB	AB	C	D	E	F
cd	AB	AB	CD	CD	E	F
ef	AB	AB	CD	CD	EF	EF
ac	$ABCD$	AB	$ABCD$	CD	EF	EF
de	$ABCD$	AB	$ABCD$	$CDEF$	$CDEF$	EF
af	$ABCDEF$	AB	$ABCD$	$CDEF$	$CDEF$	$ABCDEF$
bd	$ABCDEF$	$ABCDEF$	$ABCD$	$ABCDEF$	$CDEF$	$ABCDEF$
ce	$ABCDEF$	$ABCDEF$	$ABCDEF$	$ABCDEF$	$ABCDEF$	$ABCDEF$

　もちろん，8 回の相異なる電話を並べたものすべてが，すべての秘密を全員に伝えるわけではない．たとえば，上記の 6 番目の電話を af ではなく bf にすると，この 8 回の電話でアマルは A, B, C, D だけを知ることになる．

　$n \geq 4$ の場合，$2n-4$ 回より少ない電話では，すべての秘密を全員に伝えるには不十分である．それを証明するのは簡単ではない．

Puzzle 43

　うわさ話をするのが目的であれば，それができるだけ長く続くほうがよい．その友人たちは，彼らの秘密をできるだけ**速く**交換したいのではなく，できるだけ**ゆっくり**と交換したいのである．もちろん，電話をした二人にとって新しい秘密がまったく得られないような電話を繰り返せば，す

べての秘密が全員に伝わる時点を遅らせることができる．しかし，新しい秘密を聞いたり話したりすることもなく，電話で話をするのは退屈なものだ．

互いに知っている秘密をすべて伝え合う電話において，電話をする少なくとも一方は新しい秘密を知らなければならないとすると，すべての秘密が全員に伝わるまでに最大で何回の電話をすることができるか．

10.2 誰に電話をするか どうやって知るか

ここからは，友人たちは，各電話の前に，自分の行為を調整できるものと仮定する．4人の友人たちによる計画が固定された取り決め（取り決め 9）では，まずアマルがバーラトに電話をし，それからチャンドラがデヴィに電話をする，というように続く．この取り決めを定義したやり方では，最初に電話をするのはどの二人でもよく，それ以外の二人が2番目の電話をすることになる．したがって，これはこの4人でしか通用しないわけではない．彼らが誰かに電話をしようとする時に，自身の知っていることにもとづいて，自身でこの計画を決定できるように取り決めを書き換えられないだろうか．それは**不可能**であることが次のようにして分かる．

最初に電話をする二人は無作為に決定されると考えてよい．4人とも電話をしたいと思っており，その中の一人が，ほかの友人よりも先に電話をするとき，その電話を受けるのは残りの友人のいずれでもありうる，というわけだ．このとき，情報の伝達は時間をかけることなく瞬時に行われ，次の電話を計画することができると仮定する．当初，それぞれの友人は，自分自身の秘密だけを知っている．

しかし，2番目の電話については，問題がある．最初の電話をした後では，二人の友人は秘密を二つ知っていて，残りの友人たちの知っている秘密は一つだけである．言い換えると，彼らの知識の状態は同一でない．計画を固定した取り決め9になぞらえることを試みて，秘密を一つしか知らない友人の中から誰でもよいので2番目の電話をする人を選ぶ．この選択は彼らの知識の状態にもとづいていて（そして，この条件を満たす友人であれば誰でもよい），これによって最初に電話をした二人は除外される．この友人は，一つの秘密だけを持っているほかの友人に電話をしなければならない．しかし，この2番目の電話をかける友人は，このような秘密を一つだけ持つ友人を**彼の知識**にもとづいて選ぶことはできない．2番目の電話をするのがチャンドラで，彼女が最初の電話をしたのが誰であるか知らないならば，他の友人でなくデヴィを選ぶ理由はない．チャンドラは，自分自身が最初の電話に関わっていないということだけを知っていると仮定するのは，無理なことではないと思われる．これは，チャンドラの視点では，最初の電話は，アマルとバーラトの間でなされたかもしれないし，アマルとデヴィの間でなされたのかもしれないし，それともバーラトとデヴィの間でなされたのかもしれないということだ．チャンドラには，そのうちのどれが実際になされたのかは分からない．チャンドラとデヴィによる2番目の電話は，外部からの指図によって（あるいは，取り決めに従って電話をするのに先立ち，友人たち自身によって）「固定」されなければならない．それまでにした電話から分かったことにもとづいて，彼ら自身で選ぶことはできないのである．

　これで，計画を固定した取り決め9に従って電話をすることを友人たち自身ですすめるのは不可能であると結論される．

　各人が自分の知識だけによって電話をする友人を決め，電話をかける人はその知識条件を満たす人の中から無作為に選ばれるような認識論的取り決めを検討しよう．

取り決め 10（新規秘密獲得）　全員がすべての秘密を知るまで，次を繰り返す．まだすべての秘密を知ってはいない人を一人選び，この人に，自分がまだその秘密を知らない友人を選ばせて，電話をさせる．

　この取り決めによって，全員がすべての秘密を知るという目標の知識状態に到達することは，簡単に分かる．この取り決め 10 からは，取り決め 9 から得られるどのような電話の順序も得ることはできない．なぜなら，取り決め 9 の最後の 2 回の電話（ae; af）では，アマルはすでにその秘密を知っている友達に電話をしているからである．また，同じ理由で，エクラムとファルギニもアマルに 2 回電話をすることはできない．しかし，知識の変化についていえば，同じことが取り決め 10 に従う一連の電話からも得られる．最後の 2 回の電話を ae; ef ではなく，エクラムとファルギニがバーラト（またはチャンドラまたはデヴィ）に電話をする eb; fb にすればよいのである．エクラムとファルギニは，バーラトに電話をする時点ではバーラトの秘密を知らないので，取り決め 10 の条件を満たしている．取り決め 10 に従えば，計画を固定した取り決め 9 よりも多くの電話をする．パズル 43 で言及した電話の最大回数 $n \cdot (n-1)/2$ も，取り決め 10 に従うことで可能である．例えば，$n = 4$ の場合は，ab; ac; ad; be; bd; cd である．電話の回数が最少の $2n - 4$ と最多の $n \cdot (n-1)/2$ の間であれば，いずれも取り決め 10 によって実現できることが簡単に示せる．

Puzzle 44

友人が 3 人の場合，取り決め 10 における電話の回数の期待値はいくつか．（これは簡単である．）友達が 4 人の場合，取り決め 10 における電話の回数の期待値は 5 より大きいことを示せ．（それほど難しくないが，友人が 3 人の場合ほど簡単ではない．）

10.3 **知識とゴシップ**

　これらの取り決めに従って電話をすることで友人たちはどんな種類の知識を獲得したのか．彼らが秘密について何を知ったかを考えるだけでなく，彼らがお互いについて何を知ったかを考えると，おもしろくなってくる．情報の初期状態（彼らがそれぞれ自分自身の秘密だけを知っている）において彼らが知っていることや，二人の友人の間の電話による知識の変化，そのような取り決めに従った一連の電話が完了したときに彼らが獲得した知識について，再考してみよう．

　友人たちにとっての彼らの秘密に関する不確定性を構造として表すことができる．アマルの秘密（A）を，当初はアマル（a）だけがその真偽を知っている命題と考える．友人が4人の場合の図をきれいに書こうとすると当然4次元の構造になるから，ここでは友人が3人の場合の図を示そう．その図において，011 という頂点は，「A は偽，B は真，C は真」を表す．これは，0 と 1 によって，命題 A, B, C の順にそれらの真偽値を表現している．

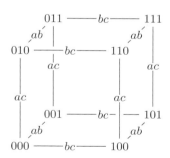

　a をラベルとする辺で結ばれた状態どうし，あるいは，a をラベルとする辺だけからなる経路で結ばれた状態どうしは，アマルにとって見分けることができない．バーラトやチャンドラについて

も同様である．

　友人がある命題が真であると知るのは，彼が見分けることのできないすべての状態においてその命題が真であるとき，そしてそのときに限る．たとえば，状態 011 において，アマルは A が偽であると知っている．なぜなら，a が可能性があると考える 4 通りの状態 000, 001, 010, 011 すべてにおいて A は偽だからである．さらに，状態 011 において，バーラトは B が真だと知っているし，チャンドラは C が真だと知っている．

　前節で考えた友達の間の秘密の伝搬は，このような構造と正確に対応付けられる．友達の間の秘密の伝搬をリスト（または，お望みであれば，友達からすべての秘密の集合の部分集合への関数）として表現する．すると，アマルは秘密 A だけを知り，バーラトは秘密 B だけを知り，チャンドラは秘密 C だけを知るという上記の状況は，$A.B.C$ と簡潔に表すことができる．アマルとバーラトがともに秘密 A と B を知るという状況 $AB.AB.C$ は次の図で表される．

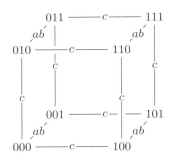

元の問題では，友人たちが秘密を知っているかどうかだけに関心があり，それらの秘密の真偽値については関心がなく，またどの人も，このような構造のいかなる状態においても同じ数の秘密を知っているので，与えられた状態における視点から推論する必要

はまったくなく，構造全体の大域的な視点から推論すればよいのである．たとえば，「アマルは A かどうかを知っているし B かどうかを知っている」は，上記の構造のすべての状態において真になる．それゆえ，それに対して簡便な簡略表現を用いることができる．$A.B.C$ や $AB.AB.C$ のようなリストをゴシップ状態と呼ぶ．ゴシップ状態において，友人たちは秘密の伝搬についての共有知をもつ．すなわち，友人ひとりひとりは，彼の友人全員がそれぞれいくつの秘密を知っているかを知っていて，また自分自身の秘密も知っている．（そして，そのことも全員が知っているし，さらにそれも全員が知っているし，……とどこまでも続く．）

この状況設定において，電話をかけることを実行する．電話 ab により，$A.B.C$ から $AB.AB.C$ が得られる．電話をかけることにより，どのような知識の変化が生じるのだろうか．電話をかけるのは，ほかの友人たちの面前で発言するのとは，まったく異なる形態の会話である．発言は**公開**されている．これは，バーラトとチャンドラの面前でアマルが「チェンナイの昔の名前はマドラスである」と**言った**後では，バーラトはチェンナイの昔の名前がマドラスであることを知っているし，バーラトがそう知っているということをチャンドラは知っているし，バーラトがそう知っていることをチャンドラが知っていることをアマルは知っているし，……とどこまでも続く，ということだ．チェンナイの昔の名前がマドラスであるという情報は，この3人の友人の間の共有知である．これは，デヴィのようなほかの友人が存在していたとしても真である．しかし，アマルがバーラトにこれを**電話で伝え**，それからアマルがチャンドラに電話をしたとすると，3人はチェンナイの昔の名前がマドラスだと知っているが，これは3人の間の共有知ではない．この時点で，たとえば，チャンドラがこれを知っていることをバーラトは知らない．なぜなら，バーラトは，2番目の電話はアマルとデヴィの間でなされたとも考えうるから

である．しかしながら，ある電話に関わっていない友人も電話がなされたこと自体は知っているという前提のもとで，友人がこの3人だけならば，ab と ac のあとでは，チェンナイの昔の名前がマドラスであるということは，もちろん3人の間の共有知である．（電話をかけるタイミングについてなにも分からなければ，これが共有知になることは不可能である．）

友人全員がどの二人がいつ電話をするか知っていると仮定すると，$ab; ac; bc$ という順序で電話をした結果の情報状態は次のように図示される．

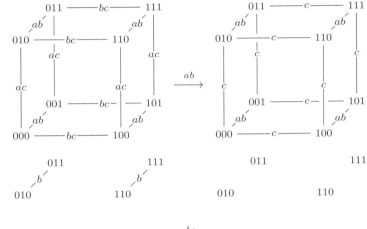

これに対応するゴシップ状態（誰がどの秘密を知っているかというリスト）の遷移は，次のようになる．

$$A.B.C \stackrel{ab}{\to} AB.AB.C \stackrel{ac}{\to} ABC.AB.ABC \stackrel{bc}{\to} ABC.ABC.ABC$$

ここで，自明ではあるが意外なことが分かる．電話をすることによって共有知が作られることはないと説明したが，結局，最後には，3人の友人がすべての秘密を知っていることは共有知になる．なぜなら，8通りの状態はいずれも，どの友人もそのほかの状態がありうると考えることはない（そして，それを全員が知っていて，またそう知っていることも全員が知っていて，……）からである．これは，このモデル化において，どの取り決めに従って電話をしているかは友人たちの共有知だと仮定したからである．すなわち，電話に関わっていない友人はその電話でどのような情報が交換されているかを聞くことはできないとしても，誰が誰に電話をしたかを全員が知っていて，いつその電話がなされたかも知っている．これは，いわゆる同期化の前提である．

　前述の例は，計画を固定した取り決め9に従って電話をしていると見ることもできるが，新規秘密獲得の取り決め10に従って電話をしていると見ることもできる．取り決め9ではあきらかであるが，取り決め10でも，同期化の前提をおくことができる．友人が3人の場合にアマルがバーラトに電話をしたとすると，チャンドラはその電話に関わっていないが，二人が電話をしたことを知る．前述の3回の電話の後には全員がすべての秘密を知っていることは，友人たちの共有知である．

　同期化の条件のもとでの計画を固定した任意の取り決めに対して，友人が3人よりも多い場合にも，全員がすべての秘密を知ったとき，それが全員の共有知にもなることはある．たとえば友人たちがテーブルのまわりに座り，互いが見ている中で，通信が行われていることには気づいたとしても，ほかの友人たちには何を話したかを知られずに囁くようにして「連絡」をとると想像してみればよい．しかし真に知識にもとづく取り決めでは，もはや，誰と誰が電話をしているかを全員が知ることにはならない．それでは，これに取りかかろう．

友人が4人の場合の取り決め10を考える．アマルがバーラトに電話をしたとする．これは，4人の友人はそれぞれ自分の家にいてお互いが見えず，自分の電話機の前に座っていて，誰かが電話をしていることの分かる（しかし電話をしているのが誰かは分からない）交換機が見えるという状況設定である．チャンドラは，交換機が動作しているのは分かるが，彼女の電話はうんともすんとも言わない．またデヴィにも，同じことが起こっている．ここで，チャンドラとデヴィは，自分が関わらない電話が掛けられていると考える．チャンドラは，その電話を，アマルとバーラトがしているのか，あるいは，アマルとデヴィがしているのか，あるいは，バーラトとデヴィがしているのかもしれないと考える．デヴィは，その電話を，アマルとバーラトがしているのか，あるいは，アマルとチャンドラがしているのか，あるいは，バーラトとチャンドラがしているのかもしれないと考える．実際のゴシップ状態の遷移は $A.B.C.D \overset{ab}{\to} AB.AB.C.D$ であるが，チャンドラは，その遷移を $A.B.C.D \overset{ad}{\to} AD.B.C.AD$ や $A.B.C.D \overset{bd}{\to} A.BD.C.BD$ かもしれないとも考える．デヴィは，この電話による遷移を，$A.B.C.D \overset{ab}{\to} AB.AB.C.D, A.B.C.D \overset{ac}{\to} AC.B.AC.D, A.B.C.D \overset{bc}{\to} A.BC.BC.D$ のうちのいずれかと考える．チャンドラの視点からは，電話は ab, ad, bd ではなく，ba, da, db かもしれない．電話によってどの秘密を知ることになったかだけに関心があるのであれば，どちらが電話を掛けてどちらが電話を受けたかは捨象し，したがって，ab と ba は同等に扱い，da と ad も同等に扱い，db と bd も同等に扱う．これは通常の言葉遣いを反映したものにもなっていて，二人の友人が「電話をする」と表す．ここで，この遷移の結果は次のような構造になる．

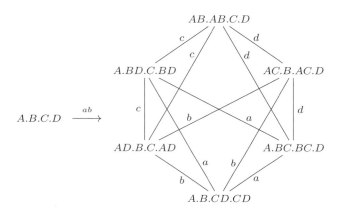

この構造を，実際に起きているゴシップ状態が指定されたゴシップ・モデルと呼ぶ．この例では，実際に起きているゴシップ状態は $AB.AB.C.D$ である．それぞれのゴシップ状態には，(友人が3人の場合の8状態の構造と同じように) 4つの秘密に対するすべての真偽値を組み合わせた16状態の構造が対応するので，この構造は6通りではなく $6 \cdot 16 = 96$ 通りの状態で構成されると見ることもできる．しかし，この表現では，それほど多くの値を加えることはできない．

「共通知識」と「共有知」に違いがあること，そして，これが取り決めの中でどのように生じ，電話の回数にどのような影響を与えるのかを見てみよう．全員があることを知っているとき，それは**共通知識**である．一方，全員があることを知っていて，全員がそれを知っていることも全員が知っており，さらにそのことも全員が知っており，……とどこまでも続くとき，それは**共有知**である．あきらかに，計画を固定した取り決め9や新規秘密獲得の取り決め10に従った一連の電話が完了した後では，友人たち全員がすべての秘密の値を知っているから，**すべての秘密は彼らの共通知識である**．彼らが誰からの電話を受けたかだけを知ってい

るならば，これ以上に言えることはあまりない．彼らは，最後にした電話の相手もまたすべての秘密を知っていることは知っている．友人たちが計画を固定した取り決め 9 であることを知っているとすると，さらにもう少し分かることがある．それは，最後に電話をした二人は，すべての秘密を（彼らだけでなく）全員が知っていることを知っている，ということだ．全員がすべての秘密を知っていることを全員が知っているようにすることもできる．最後の電話に続けて，その電話に関わった友人が，ほかの友人全員で電話をすればよいのである．たとえば，$ae; af, ab; cd; ac; bd; ae; af$ に続けて，a がもう一度全員に電話をすると，ab, ac, ad, ae, af という 5 回の電話になる．この拡張された取り決めに従って電話がされていることを全員が分かっているという前提のもとで，すべての秘密が共通知識であることは共通知識であることが分かる．したがって，すべての秘密が共通知識であることが共通知識になるためには，すべての秘密が共通知識になる $2n-4$ 回の電話ではなく，アマルが追加で $n-1$ 回の電話をして，合計 $2n-4+(n-1)=3n-5$ 回の電話が必要になる．それでも，これが共有知になるところにはいまだ手が届かない．

これに加えて，一定の間隔で電話をする，すなわち，10 分ごとに電話をするというような前述の同期の条件と，そのことを全員が知っているという仮定があれば，さらに知識が獲得できる．このとき，取り決め 9 に従った一連の電話が完了したのちには，すべての秘密は**共有知**になっている．友人が 3 人の場合には，30 分（3 回の電話）で，こうなることがすでに分かっている．友人が 6 人の場合には，1 時間 20 分かかる．

ここで，また別の閾値に達する．取り決め 10 の，友人が 4 人の場合を考える．この取り決めに従って電話をすると，電話は 4 回から 6 回の間になることが分かっている．4 回の電話，すなわち 40 分ですでにすべての知識が獲得されているとしたらどうだ

ろうか．4番目の電話に関わらなかった二人の友人は，必ずしもそれを知っているわけではない．しかし，この二人が，あと 20 分，苦痛の時間を過ごせば，この取り決めに従うと 7 回以上電話をすることはないので，1 時間後には，すべての秘密を全員が知っていることは共有知になる．

Puzzle 45

取り決め 10 に従った長さ 4 の電話のしかた $ab; cd; ac; bd$ を考える（4 回の電話ですべての秘密は全員に伝わる）．あと 10 分が経過すれば，すべての秘密を全員が知っていることを全員が知ることを示せ．

10.4 関連問題

取り決め 10 以外にも知識にもとづくさまざまなゴシップを伝達する取り決めがある．計画を固定した取り決め 9 に従った電話 $ae; af; ab; cd; ac; bd; ae; af$ を思い起こしてみよう．最後の 2 回の電話の前に，アマルはすでにエクラムとファルグニの秘密を知っている．しかし，それでもアマルは二人に電話をする．アマルは，エクラムとファルグニがまだ知らない秘密を知っているのだから，これは情報の交換として意味があるのである．取り決め 10 においてもこの変形を考えてみよう．あなたは，あなたか，あるいは電話をする友人が新しい秘密を知ることになると**知って**いるから，あなたはその友人に電話をする．これに対して，あなたか，あるいは電話をする友人が新しい秘密を**知る可能性が**あると考えて，その友人に電話をするという変形が考えられる．（あなたの年頃の娘が休暇でいないときに，1 時間ごとに電話をかけるのは，この取り決めに従った行為である．その 1 時間のうちに何かが起きているかもしれないからである．）この変形の最初の 2 回の電話 $ab; cd$ を考え

よう．この時点で，2番目の電話にバーラトが関わっているかもしれないとアマルは考えて，3番目の電話としてもう一度バーラトに電話をすると何か新しいことが分かるかもしれないとアマルは考える．残念ながら，$ab; cd; ab$ の3番目の電話では，アマルとバーラトは何か新しいことを知りはしない．しかし，これが $ab; bc; ab$ であれば，アマルは新しい秘密 C を知ることになる．

Puzzle 46

> 何か新しいことを知っている可能性があると思われる友人に電話をするという取り決めに従って電話をすると，完了しない場合がある．そのような完了しない例を示せ．

情報の交換を早めるためには，それぞれの情報を持つ両方の集団の間ですべての秘密を交換するような電話を続けるのではなく，二人の友人の間のいくつかの電話を同時に行ったほうがよいだろう．いくつかの電話を同時にかけるのをラウンドとよぶ．すると次のような問題が考えられる．友人が n 人の場合に，すべての秘密が全員に伝わるのに少なくとも何ラウンドが必要か．

Puzzle 47

> 友人が $n = 2^m$ 人の場合，すべての秘密が全員に伝わるには，m ラウンドで十分であることを示せ．

友人の数が 2 のべきでない場合，友人の数以上の最小の 2 のべきを 2^m とする．すると，友人の数が偶数であれば，m ラウンドですべての秘密が全員に伝わるが，友人の数が奇数であれば，たとえば次のパズルで示すように $m+1$ ラウンドが必要になる．

Puzzle 48

友人が 5 人の場合に, すべての秘密が全員に伝わるような (並行して電話するときの) 4 ラウンドの電話の仕方を示せ.

問題の成り立ち

ゴシップ拡散の取り決め (ゴシップ・プロトコル) は, 計算機科学において長い歴史がある. すべての秘密が全員に伝わるために必要な電話の最少回数 $2n-4$ は [91] で示され, また同時期のさまざまな論文に現れる. それらについては概説 [47] を参照のこと. (並行して電話をするときの) 最少ラウンド数は, 極めて洗練された 1 ページの論文で証明された [54]. 参照可能な概説として [50] がある. これは, この謎解きが 1999 年に NWO (オランダ科学研究機構) の毎年恒例の科学クイズに登場した後に発刊された. これが, ハンス・ファン・ディトマーシュがゴシップ・プロトコルの論理的解析をするきっかけになった [97, 6.6 節]. それに続く論理的解析は [87] にある. 取り決め 10 のような, 知識にもとづくゴシップ・プロトコルは, [4] で提案された.

第11章

クルード

Q 6人のプレーヤーがボードゲーム「クルード」で対戦している．アリスは，ゲームの盤上で台所に入ったところである．アリスはこう言う．「スカーレット嬢が台所でナイフを使って犯行に及んだと睨んでいる」アリスにカードを見せる者はいない．さて，誰が殺人犯か．（クルードのルールは以下を参照せよ．）

11.1 はじめに

クルード（米国では「手がかり」を意味する「クルー」と呼ばれる）は，パーティで盛り上がった6人の客が死体に直面し，全員に殺人の容疑をかけられるという殺人謎解きボードゲームである．ゲームの盤には，殺人の起きた家のいくつかの部屋が描かれていて，殺人の凶器となりうるものがいくつもある．6人の容疑者（スカーレット嬢やプラム教授など），部屋は9室，そして殺人の凶器となりうるものが6種類ある．これらの選択肢が合計21枚のカードに書かれており，それぞれの種類から表を見ないようにカードを1枚ずつ引き，その3枚のカードが真犯人，凶器，犯行のあった部屋とみなされる．残りのカードはよく切り混ぜられて，プレーヤーに配られる．通常は6人のプレーヤーで対戦する．カードの持ち主の可能性を減らせるような手によってゲームは進み，3枚の犯行カードを最初に正しく言い当てたプレーヤーの勝ちとなる．

このゲームで興味深いのは，あるプレーヤーが自分の手番で盤上の部屋に入ったら，前述のように「私は，スカーレット嬢が台所でナイフを使って犯行に及んだと睨んでいる」と**推理**を述べられることである．これは，犯人，凶器，部屋の3種類を組み合わせた3枚であれば，どのような3枚でもよいし，その3枚の中に，自分の持っているカードがあってもよい．これがほかのプレーヤーに向けられた質問になり，そのプレーヤーがこれらのカードを所有していることを肯定または否定する要求と解釈される．その質問を向けられたプレーヤーが要求されたカードを一枚も持っていなければ，その旨を答える．しかし，要求されたカードの少なくとも一枚を持っていれば，そのプレーヤーは，その中の一枚を質問をしたプレーヤーに見せなければならない．ただし，見せるのは質問したプレーヤーにだけである．あとの4人の

プレーヤーはそのカードを見ることはできないが，要求されたカードのうちの1枚は質問を向けられたプレーヤーの持つ3枚のうちの1枚でなければならないことはもちろん分かる．

自分の手番では，推理を述べることに加えて，**告発**をすることもできる．告発は，ゲームの中で一度だけしかできない．たとえば，スカーレット嬢が台所でナイフを使って犯行に及んだと告発する．告発したら，3枚の犯行カードをこっそりと見て確認する．告発が正しければ，そのプレーヤーの勝ちである．しかし，告発が間違っていれば，ほかのプレーヤーに告発は間違いだったとだけ告げ，実際の犯行カードが何であったかは言わない．この後もゲームは続行されるが，告発したプレーヤーはもはや推理を述べる（あるいは告発する）ことはできない．告発は推理を述べるよりも強力で，ゲームの中で明らかに異なる役割を担っている．

クルードには次の3種類の認識行為がある．

- プレーヤーは，ほかのプレーヤーから要求された3枚のカードをどれも持っていないという言う．
- プレーヤーは，要求されたカードのうちの1枚を，要求したプレーヤーに見せる．
- プレーヤーは，告発をせずに自分の番を終える．

このようなクルードの認識行為による情報の帰結を，もっと単純な設定で説明する．ゲームの盤やどのようにしてサイコロを振って部屋に入るかについては一旦忘れる．3枚のカード 0, 1, 2 があり，プレーヤーはアリス (a)，ボブ (b)，キャス (c) の3人だけだとしよう．それぞれのプレーヤーは自分の持っているカードだけを知っている．3人にどのようにカードが配られているかを，三つ組 ijk で表す．ただし，$i, j, k \in \{0, 1, 2\}$ であり，相異なるものとする．6通りのカードの配られ方がある．以降では，

実際のカードの配られ方は 012，すなわち，アリスは 0 を持ち，ボブは 1 を持ち，キャスは 2 を持っているものと仮定する．カードに関して 3 人のプレーヤーがはじめに持っている知識は次のモデルで表される．

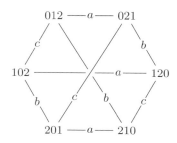

このモデルにおいて，たとえば，012 — a — 021 は，アリス (a) は 012 というカードの配られ方，すなわち，アリスが 0 を持ち，ボブが 1 を持ち，キャスが 2 を持っているのと，021 というカードの配られ方，すなわち，アリスが 0 を持ち，ボブが 2 を持ち，キャスが 1 を持っているのを見分けられないことを意味する．ここで，クルードにならって，3 種類の行為を考えよう．その 3 種類とは，自分はあるカードを持っていないと言うこと，自分のカードをほかのプレーヤーに見せること，自分はまだ勝てない，すなわち，カードの配られ方を知らないと言うことである．

11.2 そのカードのどれも持っていない

アリスが「私は 1 を持っていない」と言ったとする．ここまでの章と同様に，その発言が成り立つ状態だけに情報のモデルを制限することによって，この新しい情報を処理する．あきらかに，この発言が成り立たないカードの配られ方は 120 と 102 だけである．したがって，情報の変化は次の図のようになる．6 通りの

カードの配られ方のうち，4通りが残る．その結果として得られる構造では，カードの配られ方が012であれば，ボブはまだカードの配られ方が分からないことが分かる．ボブには012と210を見分けることができないからである．しかし，この時点で，2を持っているキャスはカードの配られ方が分かる．012と102の間の不確定性が消えたからである．さらに興味深いのは，ボブとキャスのどちらがカードの配られ方を知っているのかアリスには分からないということだ．

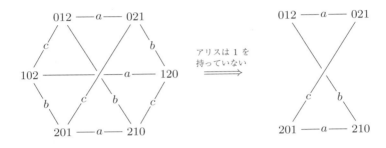

（ⅰ）「アリスは1を持っていない」という発言は，アリスが「私は1を持っていない」と言うことと同じ情報内容であり，それは（ⅱ）「アリスは自分が1を持っていないと知っている」という発言と同じ情報内容である．これまでの章では，（ⅰ）と（ⅱ）が常に同じ情報内容になるとは限らないことが事態を複雑にしていた．たとえば，ボブは0を持っていないという発言は，ボブは0を持っていないとアリスが言うことよりも得られる情報は少ない．後者は，アリスが0を持っている場合にだけ分かりえることだからである．

クルードではプレーヤーは，1枚のカードではなく，3枚のカードの所持を否定する．これは，1枚のカードの場合とそれほど大きな違いはない．たとえば，1も2も持っていないとアリス

が言ったとすると，最初の六角形の構造から，次の 2 通りのカードの配られ方だけからなる部分構造が得られる．

$$012 \relbar\joinrel\relbar a \relbar\joinrel\relbar 021$$

11.3 カードを見せる

　持っているカードを見せるのは，あるカードを持っていないと公言するのとはまったく異なる行為である．アリスは，実際に 0 のカードを持っているときだけ，そのカードを見せることができる．しかし，アリスはどんなカードを持っていたとしても，そのカードを見せることができる．これによって，いかなる配られ方も考慮の対象から除外されることはない．それでは，この行為によって何が変わるのだろうか．アリスが自分のカードをボブに見せると，ボブはアリスのカードが何であるかを知り，それゆえカードの配られ方を知ることになる．このカードを見せるという行為によって，ボブにはカードの配られ方についての不確定性が消滅してしまう．アリスは，自分のカードをボブにみせた後では，カードの配られ方をボブが知っているということを知っている．しかし，そのことは，そのカードを見ていないキャスも知っている．カードを見せるという行為の効果は，モデルの制限ではなく，モデルの**詳細化**と呼ばれるものである．すなわち，一人あるいはそれ以上のプレーヤー（この場合にはボブ）は，問題にしている状態がより詳細に見えるようになったのである．この時の情報の遷移は次の図のようになる．

第 11 章 クルード

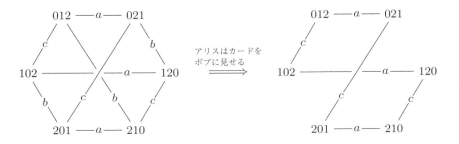

　この簡略化した設定では，アリスは1枚のカードを見せるだけである．クルードでは，要求された3枚のカードのうちの1枚を見せるという行為になる．このことから違いが生じる．なぜなら，カードを見せるプレーヤーは，どのカードを見せるかを選ぶことができるかもしれないからである．3枚のカードの例で，選択を伴う行為を考えることができる．そのような行為として，ボブが「あなたの持っていないカードを教えて」とキャスにも聞こえるようにアリスに頼み，アリスはその答えをボブの耳元で囁いたので，キャスにはそれは聞こえないがアリスが答えたということは分かっている，という状況を考えてみよう．この場合，アリスは，どのカードを持っていたとしても，常に2通りの答えのうちから一つを選ぶことができる．たとえば，アリスの持っているカードが0だすると，アリスは「私は1を持っていない」と答えることもできるし，「私は2を持っていない」と答えることもできる．実際のカードの配られ方がどうであってもアリスにはこの選択肢があるので，その結果は，その選択を反映したモデルになっていて，6状態ではなく12状態からなる．たとえば，カードの配られ方が012であってアリスが「私は1を持っていない」と答えた情報状態と，カードの配られ方が012であってアリスが「私は2を持っていない」と答えた情報状態を区別しなければならない．前者の状態では，カードの配られ方はボブには分からな

163

いが，後者の状態では，カードの配られ方はボブには分かる．そして，キャスは，（アリスの答えを聞くことはできていないので，）この二つの情報状態を見分けることができない．

同様にして，クルードにおいても，アリス，ボブ，キャスをプレーヤーとするとき，スカーレット嬢が台所でナイフを使って犯行に及んだとボブが推理を述べ，アリスが彼女の3枚のカードのうちの1枚をボブに見せると，キャス（やそのやりとり見ているほかのプレーヤー）は，アリスがボブに見せたのはスカーレット嬢かナイフか台所のいずれの場合もありうると考える．また，アリスは要求されたカードを2枚以上持っているかもしれないので，その場合には，ボブにどちらのカードを見せるか選ぶことができる．もちろん，カードを見せる行為を見ているプレーヤーのうち，スカーレット嬢とナイフの両方を持っているものがいれば，残った可能性からアリスが台所のカードをボブに見せたに違いないと分かる．

11.4 私は勝つことができない

1を持っていないというアリスの発言に続いて，今度はボブが「私はまだ勝つことができない」と言う．これは，「私にはカードの配られ方が分からない」と言うことを意味する．クルードで勝つというのは，机上に残された犯行カードが分かることを意味する．ほかのプレーヤーが持っているカードを知ることによって，この犯行カードが分かるようになる．プレーヤー全員のカードが分かれば，それらを除いたものが犯行カードでなければならない．（常にプレーヤー全員のカードを知らなければならないということはなく，犯行カードを演繹するために十分な枚数のカードさえ分かればよい．）したがって，カードの配られ方を知ることによって，犯行カードを知ることになるので，犯行カードを知ることは勝てることを意味する．これと同じように，3人のプレーヤーがそれぞれ1枚の

カードを持っているとき，それに勝つというのは，カードの配られ方を知ることを意味する．

1を持っていないというアリスの発言の後に残った4通りの配られ方（次の図の左）から，実際の配られ方が201か021であればボブはその配られ方が分かり，実際の配られ方が012か210であればボブはその配られ方が分からない．後者の場合，ボブには012と210を見分けることができないのである．それゆえ，ボブが「私はまだ勝つことができない」と言うと，201と021は考慮の対象から除外される．これで，次のような変化になる．

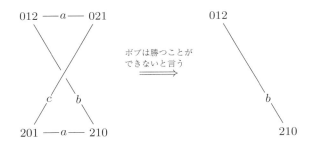

ここで，意外なことに，いや，もしかしたらそれほど驚かないかもしれないが，アリスはこの自分の番で「私の勝ちよ」と言う．勝つことはできないとボブが言うことで，アリスから012と021の配られ方についての不確定性が取り除かれたのである．012であればボブは勝つことはできず，021であればボブは勝つことができる．ボブが勝つことはできないといったので，実際の配られ方は012でなければならない．こうして，ボブが勝つことができなかったゆえに，アリスは勝つことができる．キャスは歯ぎしりをして悔しがる．クルードと同じように，自分の番になるまでキャスは話すことはできないが，1を持っていないというアリスの最初の発言の後，キャスはすぐに勝つことができていたからである．

最後に，この章の謎解きの答えを説明しよう．その謎解きは，こうであった．

> 6人のプレーヤーがクルードで対戦している．ゲームの盤上で，アリスは台所に入ったところである．アリスはこう言う．「スカーレット嬢が台所でナイフを使って犯行に及んだと睨んでいる」 アリスにカードを見せる者はいない．さて，誰が殺人犯か．

この問題に答えるためには，このゲームのそれまでの手についてもっと正確な説明が必要であり，これに続くプレーヤーのやりとりについてももっと知る必要があるだろう．アリスが台所に入ったのは，このゲーム全体における初手であったと仮定しよう．このことが，ほかのプレーヤーからの反応がなかったことを，よりいっそう意外なものにしている．なんと，ずばり的中だ．しかし，まだ決着はついていない．この話の続きは2通りある．

その一つは，アリスはここで「スカーレット嬢，ナイフ，台所」と告発し，机上のカードを確認して，「私の勝ち」と高らかに宣言するというものだ．アリスが「失敗，告発は間違っていた」と言うことは，起こりえない．なぜなら，プレーヤーは完璧に合理的で，正しいと分かっているときにしか告発しないと仮定しているからである．アリスが勝つ理由は明らかである．誰も反応しなかったのであるから，ほかのプレーヤーは誰もアリスが要求した3枚のカードを持っていないのである．アリスもまたその3枚のカードをどれも持っていないならば，机上にあるカードがスカーレット嬢，ナイフ，台所であるとアリスは演繹することでき，アリスは勝つことになる．

しかし，この話のもう一つの続きはこうである．

アリスにカードを見せる者はいなかったので，アリスはこう言う．「いいでしょう．次はボブの番．私の番は終わり」

これに有効な情報があるとは，まったく見えない．しかし，3枚のカードの例での分析を念頭におくと，アリスは要求した3枚のカードのうちの少なくとも1枚を持っていなければならないと結論できる．**クルードでの自分の番の終わりは，3枚の犯行カードはまだ分からないと宣言することである．** クルードで自分の番が終わるときには，常にこうなる．この特別な情報を注意深く処理すれば，これを有利に使って勝てるかもしれない．

たとえば，このゲームが進んで，アリスがスカーレット嬢を持っているのかプラム教授を持っているのかはボブには確信がなく，しかし犯行カードのうちの2枚はナイフと台所であるとボブはすでに分かっている段階で，スカーレット嬢が台所でナイフを使って犯行に及んだという推理をアリスが表明したと仮定しよう．誰もアリスにカードを見せることはなく，アリスの手番は終了（アリスの勝ちにはならない）する．ここで，ボブは，アリスがスカーレット嬢を持っていて，机上にはプラム教授があると結論する．次がボブの番であるならば，ボブは直ちに「プラム教授，ナイフ，台所」と告発して勝つ．しかし，ボブにも失敗の可能性がある．アリスの行ったことは単に，推理にほかのプレーヤーが反応をしなかったことから，アリスが正しい結論を導き出せなかっただけだと説明することもできる．これは，実際にはプラム教授ではなくスカーレット嬢が机上にあるような場合で，その場合アリスは机上にあるのはスカーレット嬢だと結論することができたであろう．アリスは勝つことができるのに，それを逃してしまったのである．このとき，ボブはプラム教授を告発して失敗する．クルードでは嘘をつくことは禁じられている．手札に舞踏室のカードがあって，それが要求されたカードの一枚なら，持ってい

るそのカードを見せることを「忘れる」のは許されない．しかし，勝つことを「忘れる」のはまったく規則違反ではない．知ることができたであろうことを知らなかっただけである．ここから得られる教訓は，ほかのプレーヤーが，たとえ正々堂々と戦っているとしても，完璧に合理的であることを当てにすべきではないということだ．

Puzzle 49

カードの配られ方が 012 であるとして，アリスが「私は 2 を持っていない」と言った後，ボブが自分の勝ちだと言った．アリスの発言によってどのような情報の変化が起こったのか，そして，それに続くボブの（カードの配られ方を知っているという）宣言ではどんな情報の変化が起こったのか．ボブが自分の勝ちだと言うことから，アリスとキャスには何が分かるのか．

11.5 クルードで（一度だけ）勝つ方法

クルードの手を論理的に分析することで，ゲームの特定の状態でそれが打たれたときの正確な情報効果を計算することができる．プレーヤーへの最初のカードの配られ方が与えられたとき，クルードのゲーム木として知られるものを構築することができる．そして，原理的に，「プラム教授が台所でロープを使って犯行に及んだと睨んでいる」よりも「スカーレット嬢が台所でナイフを使って犯行に及んだと睨んでいる」のほうがよい質問（表明する推理）かどうかを言うことができる．次の一手で入れる部屋の候補が複数あるならば，どの部屋で告発するかを選びたいこともあるだろう[1]．しかし，多くの場合，入れるのは一つの部屋だけである．また，ゲームの状態が与えられたとき，前述の二つの

推理のうち前者が後者よりもよいと結論づけるような分析を見たことがない．また，クルードでは，この章で分析してみせた誰もカードを見せなかった例のように，自分の持っていない3枚のカードについて質問するほうが，自分の持っているカードを含めた3枚のカードについて質問するよりも好ましいかどうかは明らかでない．（明らかなことが一つある．自分が持っている3枚のカードを質問するのは賢明とはいえない．）

　ある推理を選ぶとほかの推理よりもよい理由を思いつくのはかなり難しいように思われる．もちろん，クルードに興じる普通の人にとっても，これは非常に難しいにちがいない．それでは，クルードで勝つ方法はないのか，あるいは少なくとも勝つ確率を高める方法はないのだろうか．それは，きちんとメモをとることである．これまでの手やそこから帰結される情報をほかのプレーヤーよりもよく覚えているプレーヤーは，勝つ公算が大きくなる．

　クルードのボードゲームを買うと，探偵メモに使う用紙がついてくる．これには，21枚のカードがすべて列挙された表が書かれている．ある特定のカードが間違いなく犯行カードであるとか，間違いなく犯行カードではないと分かったら，その表の欄を埋めるとよい．ほかのプレーヤーがスカーレット嬢を見せたとしたら，スカーレット嬢は犯人から除外する．それには，表のスカーレット嬢の欄に0を書き込む．それに続く手で，「プラム教授が台所でロープを使って犯行に及んだと睨んでいる」と推理を述べて，プラム教授とロープは自分が持っており誰も台所のカードを見せなかったら，犯行が行われた部屋は台所だと結論できるので，表の台所の欄に1を書き込む．ナイフが凶器かどうか分からなければ，ナイフの欄は空白のままにしておく．こうして，次のような表ができる．実際の探偵メモでは，表には，最初に6人

1）訳注：ある部屋で犯行が行われたと告発するためには，プレーヤーはサイコロをふって自分のコマを盤上で動かし，その部屋に移動する必要がある．

の容疑者，次に6種類の凶器，そして最後に九つの部屋が並ぶが，ここでは，18枚のカードについては省略して表記してある.

スカーレット嬢	0
……	
ナイフ	
……	
台所	1
……	

こうして三つの欄に1が埋まったら完成であり，告発をする．これには，ある種の論理演算（ブール計算）が使える場合がある．たとえば，三つの欄を除いた残りがすべて0であれば，その三つすべてが犯行カードでなければならない．

この探偵メモよりも，もっと詳細なメモをつけて前述のような論理計算を行えばさらによい．机上のカードについて分かっていることだけでなく，プレーヤーが持っているカードについて分かっていることも記録すれば，勝つ確率が高まる．そのためには，21枚のカードに対応する21行で，6人のプレーヤー $A, \cdots, F$（アリス，ボブ，チャンドラ，デヴィ，イブ，フランク）と机上に対応する7列の表が必要である．これで，プレーヤーがほかのプレーヤーにカードを見せるという行為から分かることも記録できる．いくつかの例を示そう．その表は，次のような形になる．読者はアリス（A）であるとしよう．あきらかに，1列目（Aの列）は，すべて0か1で埋まる．1列目に空欄は残らない．なぜなら，自分の持っているカードは分かるからである．ここでは，アリスはプラム教授とロープのほかにホワイト夫人も持っていて，イブはスカーレット嬢を持っているものとする．空白である欄は，その行のカードを，その列のプレーヤーが持っている（または机上）かどうか分からないということである．

第 11 章 クルード

カード \ 所有者	A	B	C	D	E	F	机上
スカーレット嬢	0	0	0	0	1	0	0
プラム教授	1	0	0	0	0	0	0
ホワイト夫人	1	0	0	0	0	0	0
……	0						
ナイフ	0						
ロープ	1	0	0	0	0	0	0
……	0						
台所	0	0	0	0	0	0	1
……	0						

ここで，再びアリスの手番だとしよう．アリスは「ホワイト夫人が舞踏室でナイフを使って犯行に及んだと睨んでいる」と言う．ボブはそれらのカードを持っていないと言い，チャンドラはナイフをアリスに見せる．このことを，次のように表に書き込む．

カード \ 所有者	A	B	C	D	E	F	机上
スカーレット嬢	0	0	0	0	1	0	0
プラム教授	1	0	0	0	0	0	0
ホワイト夫人	1	0	0	0	0	0	0
……	0						
ナイフ	0	0	1	0	0	0	0
ロープ	1	0	0	0	0	0	0
……	0						
台所	0	0	0	0	0	0	1
舞踏室	0	0					
……	0						

ほかのプレーヤーにとっては，チャンドラがアリスにどのカードを見せたかは分からない．しかし，自分以外のほかのプレーヤーにカードを見せるという行為から分かることも記録できる．それは，欄がひとつしかない探偵用メモには入りきらない．たとえば，ボブの手番で「ホワイト夫人が舞踏室で燭台を使って犯行

に及んだと睨んでいる」と言い，その結果，イブがボブにカードを見せる．その後のほかのプレーヤーによる「グリーン牧師が舞踏室でロープを使って犯行に及んだと睨んでいる」と言うのに反応して，イブがそのプレーヤーにカードを見せる．このことから，表を次のように更新することができる．プレーヤーの列に 2 を書き込むことで，2 を書き込んだ行のカードのうちの 1 枚をそのプレーヤーが持っていなければならないことを表す．同じようにして 3 を書き込むこともできるが，これは 2 を書き込んだカードと区別するためである．すでに使われている 0 と 1 以外の記号であれば 2 や 3 でなくてもよい．下記の表の 3 か所ではなく 2 か所に 2 があるのは，ホワイト夫人はアリスが持っているので，イブはホワイト夫人を持っているはずはないと分かっているからである．同じ理由で，2 か所にだけ 3 がある．（ロープはアリスが持っている．）この後の手によって，イブの列に一つだけ 2 が残ったら，（そのカードをイブが持っていることが確実となり）アリスはそれを 1 に変える．また，そのカードをほかのプレーヤーが持っていることはなく，机上にもないので，その列のほかの欄に 0 を書き込む．

カード \ 所有者	A	B	C	D	E	F	机上
スカーレット嬢	0	0	0	0	1	0	0
プラム教授	1	0	0	0	0	0	0
ホワイト夫人	1	0	0	0	0	0	0
グリーン牧師	0				3		
……	0						
ナイフ	0	0	1	0	0	0	0
ロープ	1	0	0	0	0	0	0
燭台	0				2		
……	0						
台所	0	0	0	0	0	0	1
舞踏室	0	0			23		
……	0						

この時点で，いかにもイブが舞踏室を持っていそうに思える．しかし，そう断定することはできない．イブは 3 枚のカードを持っている．そのうちの 1 枚はスカーレット嬢である．残りの 2 枚のカードのうちの 1 枚は燭台か舞踏室で，また，2 枚のカードのうちの 1 枚はグリーン牧師か舞踏室でもある．イブの残りの 2 枚が燭台とグリーン牧師であったとしてもまったく矛盾しない．忍耐強く地道にゲームをすすめ，拡張された 21×7 のメモ帳に打たれた手の影響を記録することで，ゲームの行く末が見えてくる．

　筆者らは，このような拡張したメモ帳を使って，2, 3 時間ほどクルードを楽しんだ．そこで楽しいことが起こったし，それはあなたにも起こるかもしれない．このような表に書き込んでいけば，ゲームに非常に勝ちやすくなる．なぜなら，単にメモをつけるだけでも，ほかのプレーヤーよりも情報を入手することができるからである．いくつかの推理のどれを表明すればよいか迷ったならば，まずどれかの推理を表明すればよい．それで問題はない．どんな戦略的な考察よりも，メモをつけることのほうが重要であるように思われる．すると，次にクルードで対戦するときには，全員がそのようなメモ帳を使い，あなたの優位性はなくなっている．そして，別のことも起こる．プレーヤー全員が拡張したメモ帳を使うと，ゲーム中は全員がほぼ同程度に情報を入手しているように思える．（これは予期しなかったことである．）そして，ゲームの最終局面では，全員がそのゲームの勝利に非常に近づいている（あるいは，そう感じる）．したがって，最終局面は興奮に満ちた局面になる．（警告：こうして 5 回戦以上戦うと，彼らとは友達でなくなる．）ゲームがもうすぐ終わると感じたら，すべての犯行カードが分かる前，たとえば，犯行カード 3 枚のうちの 2 枚が分かった段階で，告発するほうが賢明かもしれない．なぜなら，5 手後にもう一度あなたの番が回ってくる前に，ほかのプレーヤーが告発を成功させて，あなたの負けになってしまうからである．しか

し，これはゲーム理論と呼ばれるまた別のゲームである．

11.6 関連問題

　ピットは取引所を意味するマーケットシミュレーションカードゲームの名前で，コーヒー，小麦，オレンジやそのほか多くの農産物を買い占めようとするゲームである．クルードと同じように，これらの農産物はそれぞれカードとしてプレーヤーに配られ，プレーヤーはどれか1種類の農産物のカードを一揃い集めようとする．二人のプレーヤーがカードを交換することでゲームは進行する．この交換は次のように行われる．プレーヤーが交換しようとするすべてのカードは同じ種類（同じ農産物）でなければならない．プレーヤーは交換したいカードの枚数を同時に叫び，同じ数を叫んだ二人のプレーヤーはその枚数の（同じ種類の）カードを交換（取引）することができる．たとえば，ジョンは2枚のりんご，3枚のオレンジ，そしてそのほかのカードを持っていて，メアリーは2枚のオレンジとそのほかのカードを持っているとする．ジョンとメアリーは同時に「2枚」と叫び，二人はりんごとオレンジを交換する．これで，ジョンは5枚のオレンジを持ち，メアリーは，オレンジは1枚もなくなるがりんごは2枚増える．それぞれの種類のカードは9枚ずつあるので，ジョンは交換する前よりゲームの勝利に近づいたことになる．

　取引の行為は，クルードでカードを見せる行為にいくぶん似ている．取引する二人のプレーヤーは，どのカードを取引するかが分かるが，ほかのプレーヤーには，この二人のプレーヤーが同じ種類の2枚のカードを交換したということだけしか分からない．しかし，ピットがクルードと違うのは，取引により手札が変化することである．

Puzzle 50

アリス (a),ボブ (b),キャス (c) という3人のプレーヤーがいて,小麦 (w),亜麻 (x),ライ麦 (y) の3種類のカードがそれぞれ2枚ずつある.(したがって,全部で6枚のカードがある.)同じ種類のカードを2枚集めたプレーヤーの勝ちである.アリスは小麦と亜麻,ボブは小麦とライ麦,キャスは亜麻とライ麦となるようにカードが配られたとする.これまでの章と同じように,このカードの配られ方を $wx.wy.xy$ と表記する.プレーヤーは,それぞれほかのプレーヤーのカードについて何が分かるだろうか.すなわち,何通りのカードの配られ方がありうると考えられ,そう考えているのは誰だろうか.誰かが同じ種類のカードを2枚持っていればすぐに勝利を宣言すると仮定してよい.

問題の成り立ち

クルードは,事務弁護士のもとで働く事務員アンソニー・E・プラットと妻のエルバ・プラットによって1943年に発明された.アンソニー・プラットは,第二次世界大戦で一時的に解雇されて,おおよそ退屈な消防隊の役務についている間にこのゲームを発明したと言われている.彼は時間を持て余していた.エルバ・プラットは,クルードの盤を考案した.彼らの当初の製品は「マーダー(殺人)」と呼ばれていて,凶器は6種類ではなく10種類で,何人かの容疑者は違う名前であった.米国では,このゲームはクルー(手掛かり)と呼ばれている.クルードの論理的な変遷過程は,[97],[98] で扱われた.前者は PhD 取得の論文として発表された.当時のオランダの PhD 取得のための講演には,研究成果の一般人向けの発表が含まれていた.その発表で,ハンス・ファン・ディトマーシュは,3つの巨大な容疑者カードを使ってクルードを行い(したがって聴衆はそのカードを見ることができる),ヨハン・ファン・ベンタム,ジェラルド・レナルデル,ウィーベ・ファン・デル・ホークという3人の容疑者によるヤン・ファン・マーネ

ン殺人事件[2])を解決してみせた.これが,多くのメディアの注目を集める結果となった.クルードのまた別の解析は [25] にある.

ピットは,1904 年にエドガー・ケイシーにより開発された.ピットの定式化は [77] および [103] による.

[2) 訳注:数学史・数学教育を専門とするファン・マーネンはファン・ディトマーシュの友人であり,ファン・ベンタム,レナルデル,ファン・デル・ホークはファン・ディトマーシュの Ph.D 論文の指導教官である.

第12章

動的認識論理入門

12.1 はじめに

　この章は，人（エージェント）がその知識や信念をどのように変えるかを記述することのできる，いわゆる動的認識論理のやさしい入門である．はじめに，トランプを持っているエージェントの

例を通じて，知識の変更を考慮しない「認識論理」を簡潔に紹介する．また，知識の変更（動的性）の導入を主な目的として，共通知識や共有知の概念についても簡単に紹介する．そして，公開告知の論理を詳しく説明する．公開告知によって，公に認識された事象の結果として，エージェントは自身の知識を変えることになる．この状況設定において，告知されると偽になる論理式である不成功更新についても述べる．そして，より複雑な知識の更新についても提示する．最後に，（無効化しうる）信念と知識を合わせてモデル化する枠組みや，信念改訂について簡単に述べる．

12.2 認識論理

簡単な例を用いて，認識論理を紹介する．アンが唯一のエージェントであり，3枚のトランプのカードからなる山があるとする．

> アンは，クラブ，ハート，スペードの3枚のカードの山から1枚を引く．アンが引いたカードはクラブだったとしよう．しかし，アンはまだそのカードを見ていない．山に残ったカードのうちの1枚をケースに戻したとし，そのカードはハートだとしよう（ただしアンはそれを見ていない）．そして残された1枚のカードが机の上に（裏向きに）置かれているとしよう．そのカードはスペードでなければならない（しかしそれをアンは知らない）．ここで，アンは，自分のカードを見る．

ここで，アンには何が分かっているだろうか．この体系の記述は，次のように評価することができるだろう．

- アンはクラブのカードを持っている．

- アンは、ハートのカードが机の上にあるかどうか知らない．
- アンは、自分の持っているカードを知っている．
- アンは、自分がクラブのカードを持っていることを知っている．

この場合の世界の状態についての命題は，どこにどのカードがあるかということである．こうした原子命題を次のように表記する．たとえば，Clubs_a は「クラブのカードはアン（Anne）が持っている」を表し，同様に，Clubs_h は「クラブのカードはケース（Holder）の中にある」を，Clubs_t は「クラブのカードは机（Table）の上にある」を表す．標準的な論理結合子としては，∧（かつ），∨（または），¬（否定），→（ならば），↔（のとき，そしてそのときに限り）がある．$K\varphi$ の形の論理式は，「アンは φ を知っている（Know）」を表し，$\hat{K}\varphi$ の形の論理式（$\hat{K}$ は K の双対）は「アンは φ と考えうる」を表す．これらを使うと，前述の形式ばらない記述は，次のようになる．

- アンはクラブのカードを持っている．Clubs_a
- アンは，ハートのカードが机の上にあるかどうか知らない．$\neg K\text{Hearts}_t$
- アンは，自分の持っているカードを知っている．
  $(\text{Clubs}_a \to K\text{Clubs}_a) \wedge (\text{Hearts}_a \to K\text{Hearts}_a)$
  $\wedge (\text{Spades}_a \to K\text{Spades}_a)$
- アンは，自分がクラブのカードを持っていることを知っている．$K\text{Clubs}_a$

演算子 K は，**様相演算子**（知識演算子）と呼ばれる．**認識モデル**は，「その世界の状態」の集合である**対象領域**，状態間の**到達可能性**を表す二項関係，そして状態の事実記述，すなわち，すべての状態に対する原子命題の**付値**（各状態でのその命題の真偽を与

える関数）から構成される．**認識状態**とは，指定された一つの状態をともなった認識モデルである．私たちの例では，カードの配られ方が状態である．アンが持っているのはクラブのカードであり，ハートのカードはケースに入れられ，スペードのカードは机の上にある．この状態に♣♡♠と名前をつける．カードの配られ方と状態を同一視することで，たとえば，♣♡♠という名前の状態における原子命題の真偽を暗に特定している．状態間の到達可能性を表わす二項関係は，原子命題に関してプレーヤーが知っていることを表現する．たとえば，実際の配られ方が♣♡♠であれば，アンはクラブのカードを持っている．この場合，アンは，♣♡♠ではなく，♣♠♡だとも考えうる．♣♠♡もまた，アンはクラブのカードを持っているからである．このとき，アンにとって状態♣♠♡は状態♣♡♠から到達可能であるといい，(♣♡♠, ♣♠♡)は到達可能関係に含まれるという．また，アンは，実際のカードの状態♣♡♠もありうると考えるので，♣♡♠は「それ自体から到達可能」であり，対(♣♡♠, ♣♡♠)もまた到達可能関係に含まれなければならない．

これを続けると，図12.1に示した到達可能関係が得られる．この構造が，認識状態$(\mathrm{Hexa}_a, ♣♡♠)$である．ここで，認識モデル$\mathrm{Hexa}_a = \langle S, \sim, V \rangle$は，次のような対象領域$S$，到達可能関係$\sim$，付値$V$から構成される．

$S = \{♣♡♠, ♣♠♡, ♠♣♡, ♡♣♠, ♣♠♡, ♠♡♣\}$

$\sim = \{(♣♡♠, ♣♡♠), (♣♡♠, ♣♠♡), (♣♠♡, ♣♠♡), \cdots\}$

$V(\mathrm{Clubs}_a) = \{♣♡♠, ♣♠♡\}$

$V(\mathrm{Hearts}_a) = \{♡♣♠, ♡♠♣\}$

$\vdots$

付値について補足すると，与えられた原子命題が真になる状態は，対象領域の部分集合と同一視することできる．たとえ

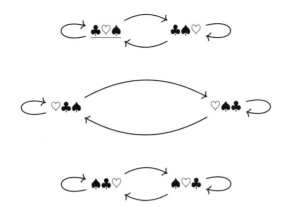

図 12.1 アンがクラブのカードを持ち，ハートのカードがケースの中にあり，スペードのカードが机上にある場合の，配られたカードについてのアンの知識を表現する認識状態．実際の状態には下線が引かれている．

ば，「アンはクラブのカードを持っている」を表す Clubs_a は，$\{♣♡♠, ♣♠♡\}$ に含まれる状態においてのみ真となる．帰納的に $\varphi ::= p \mid \neg\varphi \mid (\varphi \wedge \varphi) \mid K\varphi$ と定義される[1]標準的な様相言語は，この構造上で解釈することができる．ここで，p は（原子）命題変数であり，φ は論理式変数である．論理式の解釈において鍵となるのは，様相演算子に対する解釈である．$M, s \vDash K\varphi$ となるのは，$s \sim t$ となるすべての t に対して $M, t \vDash \varphi$ となるとき，そしてそのときに限る．$M, s \vDash \varphi$ は，「モデル M の状態 s は，論理式 φ を満たす」あるいは「φ は，モデル M の状態 s で真にな

1）訳注：この記法は，左辺が，右辺の "|" で区切られたいずれかの形式になることを表わす．この例では論理式（左辺）は（原子）命題そのものか，ある論理式の前に否定記号 "¬" をつけたものか，二つの論理式（同じでなくてもよい）を連言記号 "∧" で結びつけ全体を括弧でくくったものか，ある論理式の前に様相演算子 K をつけたもののいずれかであることを表わす．

る」と読む．たとえば，認識状態 (Hexa$_a$, ♣♡♠) において，自分はクラブのカードを持っているとアンが知っているという命題は，もちろん真である．

> **注** Hexa$_a$, ♣♡♠ ⊨ KClubs$_a$ となるのは，すべての状態 s について (♣♡♠, s) ∈ ∼ ならば Hexa$_a$, s ⊨ Clubs$_a$ であるとき，そしてそのときに限る．この後半は，Hexa$_a$, ♣♡♠ ⊨ Clubs$_a$ および Hexa$_a$, ♣♠♡ ⊨ Clubs$_a$ から含意される．なぜなら，♣♡♠ から到達可能な状態は ♣♡♠ 自体と ♣♠♡ だけ，つまり (♣♡♠; s) ∈ ∼ となるのは，(♣♡♠, ♣♡♠) ∈ ∼ および (♣♡♠, ♣♠♡) ∈ ∼ しかないからである．最後に，♣♡♠ ∈ V(Clubs$_a$) = {♣♡♠, ♣♠♡} であることから Hexa$_a$, ♣♡♠ ⊨ Clubs$_a$ となり，同様に ♣♠♡ ∈ V(Clubs$_a$) = {♣♡♠, ♣♠♡} であることから Hexa$_a$, ♣♠♡ ⊨ Clubs$_a$ となる．これで Hexa$_a$, ♣♡♠ ⊨ KClubs$_a$ が分かった．

アンの到達可能関係は同値関係である．知識の性質として知られていることを前提にすると，これは常に成り立つ．その性質というのは「あなたの知っていることは真である」(形式的には $K\varphi \to \varphi$)，「あなたは自分の知識について知っている」($K\varphi \to KK\varphi$)，「あなたは自分が知らないということを知っている」($\neg K\varphi \to K\neg K\varphi$) の三つである．これらの性質は，目的によっては採用しなくてもよい．たとえば，「あなたの知っていることは真である」という要請を除けば，知識ではなく信念の概念が得られる．また，自分が知らないとは気づかずに知らないことが数多くある．説明を簡単にするために，以降では，知識の性質が成り立つものとして，そこから何が得られるかをみてみよう．すでに述べたように，これらの性質をあわせると，認識論理では到達可能関係は常に同値関係になる．多少異なる表現を用いれば，エージェントが何を区別できないかによって，状態の集合の類別，すなわち，対象領域全体を網羅する同値類の集合がもたらされるということである．同値関係は対称的なので，中置記法で表記するのが慣例である．

たとえば, $(\clubsuit\heartsuit\spadesuit, \clubsuit\spadesuit\heartsuit) \in \sim$ の代わりに $\clubsuit\heartsuit\spadesuit \sim \clubsuit\spadesuit\heartsuit$ と書く.
同値関係の場合には, 矢印を使った図式化よりも簡単に表すことができる. 同じ類に含まれる状態どうしを単に線で結ぶだけでよい. 例として, $(\text{Hexa}_a, \clubsuit\heartsuit\spadesuit)$ の場合を図 12.2 に図示する.

このモデルにおいて, なぜ $\clubsuit\heartsuit\spadesuit$ と $\clubsuit\spadesuit\heartsuit$ の 2 通りの配られ方だけに限定しないのかと疑問に思うかもしれない. その他の配られ方は, 実際の配られ方からどうやっても到達不可能ではないか. それは, エージェントの視点からすれば, 議論の余地はあるかもしれないがおそらく正しい. しかし, モデル構築者の視点からすると, 6 通りの状態からなるモデルが好ましい. そのモデルは, 実際の配られ方がどうであれ, 使うことができるからである.

「知っている」の双対は「考えうる」(あるいは「可能性があると考える」) である. この様相[2]は, しばしば, $\hat{K}\varphi := \neg K \neg \varphi$ という

図 12.2 アンがクラブのカードを持ち, ハートのカードがケースの中にあり, スペードのカードが机上にある場合の認識状態をより単純に図式化したもの. 実際の状態には下線が引かれている.

---

2) 訳注 : 命題を単純に真か偽かを区別するのではなく, どのように正しいのか, どの程度正しいのかという, 命題の正しさのあり方のようなものを命題の様相という. (佐野勝彦, 倉橋太志, 薄葉季路, 黒川英徳, 菊池誠 著, 『数学における証明と真理』, 共立出版より)

省略と定義されることが多い．ある命題が真であると考えうるとすれば，その命題が真でないとは知らないということだ．たとえば，「アンは机上のカードがスペードではないと考えうる」は $\hat{K}\neg\text{Spades}_t$ と表記される．これは，認識状態 (Hexa$_a$, ♣♡♠) において真である．なぜなら，♣♡♠ という配られ方では，スペードのカードが机上にあるが，アンは $\neg\text{Spades}_t$ が真になる ♣♠♡ という配られ方に到達可能だからである．「考えうる」の広く一般的に受け入れられている表記法はない．$\hat{K}\varphi$ の別の表記法としては，$M\varphi, L\varphi, k\varphi$ などがある．

> **注** 知識の様相演算子としては K を用いるが，より一般的に使われている様相演算子の表記として $\Box$ があり，これは「必然性」演算子とも呼ばれる．「可能性」演算子 $\Diamond$ は，$\Box$ の双対である．すなわち，$\Diamond \varphi$ は $\neg \Box \neg \varphi$ と同値である．知識様相性は同値関係をもつ構造として解釈されるので，その同値関係として $\sim$ を用いるが，一般には，(「関係」(Relation) を表す) R が用いられることが多い．

12.3 多重エージェント認識論理

　形式的な動的性の多くの特徴は，単一エージェントの状況をもとにして説明することができる．たとえば，アンが彼女に配られたカードを机上から取り上げるという動作は，極めて複雑な認識行為である．しかし，より興味深く適切であるのは多重エージェントの状況である．この状況では，プレーヤーは他のプレーヤーの知識についての知識をもちうるため，単一の原子命題においてさえこの知識を表現する認識モデルはいくらでも複雑になりうるからである．アン，ビル，キャスという3人のプレーヤーそれぞれが，クラブ，ハート，スペードの3枚のカード

（であることを 3 人は知っている）の山から取った 1 枚ずつを持っていて，自分のカードが何かは分かっているが，他のプレーヤーが持っているカードが何かは分からないとしよう．実際は，アンがクラブ，ビルがハート，キャスがスペードを持っているものと仮定する．ここでは，アンの知識を記述する知識演算子 K と対応する到達可能関係 $\sim$ は，ビルの知識を記述するものとは異なり，またキャスの知識を記述するものとも異なる．これを表現するのは，エージェントごとに知識演算子と到達可能関係を用意すれば簡単である．アンを a で，ビルを b で，キャスを c で表すことにすると，到達可能性の同値関係はそれぞれ $\sim_a, \sim_b, \sim_c$ と表され，それぞれに対応する知識演算子は K_a, K_b, K_c と表される．対象領域におけるビルの到達可能性はアンの到達可能性と異なる．たとえば，アンは ♣♡♠ と ♣♠♡ という二つの配られ方を区別できないが，ビルは ♣♡♠ と ♠♡♣ という二つの配られ方を区別できない．図 12.3 に，認識状態 (Hexa, ♣♡♠) を図示する．そして，この知識演算子を含む論理的言語を用いると，次のような記述が可能となる．

- キャスが自分のカードを知っているとビルは知っていることをアンは知っている．
$K_a K_b ((\text{Clubs}_c \to K_c \text{Clubs}_c) \wedge (\text{Hearts}_c \to K_c \text{Hearts}_c)$
$\wedge (\text{Spades}_c \to K_c \text{Spades}_c))$
- アンはクラブのカードを持っていて，アンはそのことを知っている．しかし，アンがクラブのカードを持っていないとキャスが知っているとビルが考えうることをアンは知っている．
$K_a \text{Clubs}_a \wedge K_a \hat{K}_b K_c \neg \text{Clubs}_a$

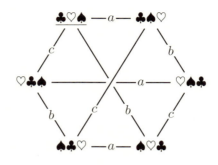

図 12.3 アンがクラブを，ビルがハートを，キャスがスペードを持っている場合のカードの配られ方の認識状態 (Hexa, ♣♡♠)

この説明を通して使用する構造は，形式的には次のように述べることができる．

定義 1（認識構造） 認識モデル $M = \langle S, \sim, V \rangle$ は，（事実の）状態（「世界」ともいう）の集合である対象領域 S，到達可能関数 $\sim: A \longrightarrow \mathcal{P}(S \times S)$，付値 $V: P \longrightarrow \mathcal{P}(S)$ から構成される（A はエージェントの集合，P は原子命題の集合，$\mathcal{P}$ はベキ集合を表す）．$s \in S$ に対して，(M, s) は認識状態である．

$\sim(a)$ の代わりに $\sim_a$ と表記し，$V(p)$ の代わりに V_p と表記する．したがって，到達可能関数 $\sim$ は同値関係 $\sim_a$ の集合と見ることができ，V は付値 V_p の集合と見ることができる．また，(M, s) の括弧を省略する場合がある．多重エージェントの認識論理の言語は，$\varphi ::= p \mid \neg\varphi \mid (\varphi \land \varphi) \mid K_a\varphi$ によって帰納的に定義される．（ここでもまた，括弧は省略することがある．）多重エージェント認識論理の形式的な定義に入る前に，言語をさらにすこし拡張する必要がある．しかし，これらの拡張はいずれも定義 1 で

示した構造上で解釈することができる.

> **注** ここで定義した認識モデルは,もちろん,これまでの章の多くですでに見てきた構造である.主な違いは,これまでの章では,形式的言語による論理式ではなく,普段使われている自然言語によって知識と不知を記述し,それをこれらの構造上で解釈してきたことである.形式的言語を用いると,「アンはクラブのカードを持っている」というような命題は,命題変数 Clubs_a で表現される.複合命題では,「および」の代わりに $\land$ を用い,他の接続詞についても論理結合子を用いる.そして,「知っている」の代わりに K を用いる.ロシア式カード問題で取り上げた「キャスは他のどのプレーヤーの持っているカードも知らないということをアリスは知っている」という命題は,ここでは $K_a((0_a \to \neg K_c 0_a) \land (1_a \to \neg K_c 1_a) \land \cdots \land (0_b \to \neg K_c 0_b) \land \cdots)$ と書くことができる.見ようによっては,違いはたったこれだけである.自然言語での記述は形式的ではないが,正確である.

12.4 共有知

エージェントの**グループ**の認識に関する演算子を一つ追加して,論理の言語を拡張する.ここでは,共有知演算子を追加する.(他の拡張も考えられる.) この拡張によって,動的な認識ではなく,**動的**な認識に焦点を当てることを狙いとしているので,この節は「共有知」の非常に手軽な入門になっている.

図 12.3 で示した認識状態 (Hexa, ♣♡♠) において,アンとビルはいずれもカードの配られ方が ♠♣♡ でないことを知っている.すなわち,$K_a \neg (\text{Spades}_a \land \text{Clubs}_b \land \text{Hearts}_c)$ も $K_b \neg (\text{Spades}_a \land \text{Clubs}_b \land \text{Hearts}_c)$ も真である.あるグループに属する個々のエージェントが φ を知っているならば,φ は**共通知識**であるという.エージェントのグループ B の共通知識のための様相演算子を E_B と表記する.すなわち,

エージェントの集合 A の任意の部分集合 $B \subseteq A$ に対して，$E_B \varphi := \bigwedge_{a \in B} K_a \varphi$ と定義する．したがって，今の場合には，$E_{ab} \neg (\text{Spades}_a \wedge \text{Clubs}_b \wedge \text{Hearts}_c)$ と書くことができる．ここでは，表記を緩和して，$E_{\{a,b\}}$ の代わりに E_{ab} と書く．さて，φ が一般に知られているとしても，お互いが φ を知っているとエージェントが知っていることを含意はしない．たとえば，(Hexa, ♣♡♠) において，$K_b K_a \neg (\text{Spades}_a \wedge \text{Clubs}_b \wedge \text{Hearts}_c)$ は偽である．すなわち，アンがクラブではなくスペードを持っている（♠♡♣）とビルは考えうる．この場合は，アンは，カードの配られ方が ♠♣♡ だと考えうる．したがって，$\hat{K}_a \hat{K}_b (\text{Spades}_a \wedge \text{Clubs}_b \wedge \text{Hearts}_c)$ は真であり，それゆえ，$K_b K_a \neg (\text{Spades}_a \wedge \text{Clubs}_b \wedge \text{Hearts}_c)$ は偽である．また別の例としては，$K_a K_b K_c K_a K_a K_b \varphi$ のようにいくつかの演算子を重ねたところまでは真であるが，その先頭にさらに演算子を追加したもの，たとえば $K_b K_a K_b K_c K_a K_a K_b \varphi$ は偽になるような論理式を構成することもできる．エージェントのグループ B に対して，論理式 φ は，（そのグループに属するエージェントの）知識演算子を任意に長く重ねても成り立つとき，そのグループ B の **共有知** といい，$C_B \varphi$ と表記する．たとえば，$B = \{a, b, c\}$ とすると，（知識演算子の有限個の並びをすべて列挙すれば）$C_{abc} \varphi := \varphi \wedge K_a \varphi \wedge K_b \varphi \wedge K_c \varphi \wedge K_a K_a \varphi \wedge K_a K_b \varphi \wedge K_a K_c \varphi \wedge \cdots \wedge K_a K_a K_a \varphi \wedge \cdots$ のようになる．また，共有知は，いくらでも多くの共通知識演算子を適用したものの連言 $C_B \varphi := \varphi \wedge E_B \varphi \wedge E_B E_B \varphi \wedge \cdots$ とみなすこともできる．このような無限を含んだ定義は好ましくない．それゆえ，共有知 C_B を原始的演算子として言語に追加し，一方，（エージェントの有限集合に対する）共通知識は前述のような省略表記として定義することが一般的である．こうしても問題にはならない．なぜなら，共有知は，あるグループに属するエージェントの到達可能関係に関する演

算，はっきりと言えばそれらの和集合の推移閉包として意味論的に定義されるからである．この節の最後に述べる共有知に関する妥当性によって，共有知の定義の無限に長い右辺から抜き出した，いくらでも大きい連言が含意される．

共有知の論理式の意味論は次のようになる．$a_1, \cdots, a_m \in B$（必ずしもすべての a_i が相異なる必要はない）であるような，**状態の有限の連鎖** $s \sim_{a_1} s_1 \sim_{a_2} s_2 \sim_{a_3} \cdots \sim_{a_m} s_m$ **で到達できる**任意の状態 s_m において φ が真であれば，認識状態 (M, s) において $C_B\varphi$ は真となる．数学的には，「有限長の経路で到達可能」というのは，「反射推移閉包」というのと同じである．ここでは $\sim_B$ を $(\bigcup_{a \in B} \sim_a)^*$ と定義する．これは，B に属するエージェントの到達可能関係の和集合の反射推移閉包である．すると，共有知は，つぎのように解釈される．

$M, s \models C_B\varphi$ となるのは，$s \sim_B t$ であるすべての t に対して $M, t \models \varphi$ が含意されるとき，そしてそのときに限る．

個々のエージェントの到達可能関係がすべて同値関係であるならば，$\sim_B$ も同値関係になる．エージェントの全体 A に対する共有知は，**公開知**とよばれる．

モデル Hexa において，任意の二人のプレーヤーからなるグループ，あるいは 3 人全員にとっては，モデル全体が到達可能である．そのようなグループ B に対して，認識状態 (Hexa, t) において $C_B\varphi$ が真となるのは，φ がモデル Hexa 上で妥当であるとき，そしてそのときに限る．論理式 φ がモデル M 上で妥当であるのは，M の対象領域のすべての状態 s において $M, s \models \varphi$ となるとき，そしてそのときに限り，これを $M \models \varphi$ と表記する．モデル Hexa 上の妥当な論理式の例として次のものがある．

- アンが自分のカードを知っていることは公開知である:
  Hexa $\models C_{abc}(K_a\text{Clubs}_a \vee K_a\text{Hearts}_a \vee K_a\text{Spades}_a)$
- アンとビルの共有知は，ビルとキャスの共有知に等しい:
  Hexa $\models C_{ab}\varphi \to C_{bc}\varphi$

共有知についての妥当な公理としては次のものがある．

- $C_B(\varphi \to \psi) \to (C_B\varphi \to C_B\psi)$ （$\to$ に対する C_B の分配則）
- $C_B\varphi \to (\varphi \wedge E_B C_B\varphi)$ （C_B の使用）
- $C_B(\varphi \to E_B\varphi) \to (\varphi \to C_B\varphi)$ （帰納法）

グループによる知識の概念を把握することは，公開告知の効果を理解する上で重要である．

> **注** 共有知は，これまでの章の認識パズルに，しばしばさりげなく登場していた．自然言語を使った共通知識の無限の繰り返しでは共有知に接近できるだけであるから，極度の正確さを保つことは避けてきた．推移閉包による意味論的定義は，これよりも直接的である．3枚のカードの状況設定では，共有知はそれほど面白みがない．知識演算子を2回重ねると，モデルのすべての状態に到達できるからである．すなわち，$K_a K_b \varphi$（あるいは3人のエージェントのうちの誰か二人の知識演算子を並べた論理式）が真であれば，$C_{abc}\varphi$ は真になってしまうのだ．もう少し意味のある例として，連続する整数のパズルを取り上げよう．「連続する整数」は次のようなモデルになり，アンの数が奇数であることはアンとビルの共有知である．（そして，図示していないもう一つの無限の連鎖では，アンの数が偶数であることがアンとビルの共有知である．ここでは，「奇数」を，アンの数が奇数である状態においてのみ真となる命題変数とみなしている．）この情報は，演算子 K_a と K_b の有限個の繰り返しでは表現することはできない．
>
> $10 \text{——} a \text{——} 12 \text{——} b \text{——} 32 \text{——} a \text{——} 34 \text{——} b \text{——} \cdots$

12.5 公開告知

それでは、知識の動的な変化に話をすすめよう。アンが自分のカードはハートではないと言ったとしよう。アンはこれをプレーヤー全員の前で公表したので、$Hearts_a$ が真であるようなカードの配られ方はすべて考慮から除外することができる。その結果として、モデル Hexa は、図 12.4 に示したように制限される。「私のカードはハートではない」というアンの告知は、「アンは自分のカードがハートではないことを知っている」という公開告知として解釈され、今の場合には、「アンのカードはハートではない」という公開告知と同じ意味になる。これは元の認識状態を変換していると解釈すると、まさに動的様相論理で実行されるプログラムと同じように、$\neg Hearts_a$ を事前条件とする認識状態に対するプログラムと見ることもできる。動的論理においては、プログラム π が与えられたとき、$[\pi]\psi$ は、π の実行（π によって生じる

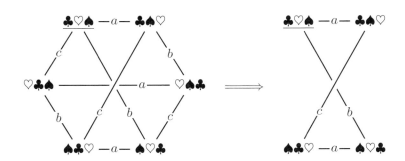

図 12.4 左側の図式は、アンがクラブ、ビルがハート、キャスがスペードを持つようにカードが配られた認識状態 (Hexa, ♣♡♠) である。実際のカードの配られ方には下線を引いた。右側の図式は、アンが自分のカードはハートではないと言った結果である。

認識状態の変化）によって必ず論理式 ψ が成り立つことを意味する．どのようなプログラム π の実行も，与えられたモデル（関係構造）の中の π による到達可能関係のある対に対応する．その対の第 1 成分は π を実行する前の状態であり，第 2 成分は π を実行した後の状態である．告知の場合は，$[\varphi]\psi$ という形式によって，φ を告知した後には，（必ず）論理式 ψ が成り立つことを表す．

私たちは，標準的な様相論理のパラダイムから遠ざかっているように見える．これまでは，到達可能関係は認識モデルにおける状態の間の関係であった．しかし，突如として，認識状態の間の同じような到達可能関係を目の当たりにしている．「私のカードはハートではない」という告知によって生じる認識状態の遷移による到達可能関係には，図 12.4 に示した認識状態の対を含む．ここでは認識状態は，一見したところきちんとは規定されていないが「すべての起こりうる認識状態」という対象領域における点あるいは（可能）世界の役割を担っている．この考えは，見かけほど悪くはない．すべての認識状態というあいまいな対象領域に言及する必要はない．与えられた認識モデルに対して，与えられた認識モデルの部分集合を対象領域とするすべての認識状態という具体的な対象領域を考えればよいのだ．この部分集合は，様相により定義される（すなわち，この部分集合は，与えられた対象領域を，告知である様相論理式 φ が真となる状態すべてに制限したものという意味である）．もとの認識状態の中の点の間の到達可能関係から導かれる認識状態の間の到達可能関係によって，再び同じレベルで動的な認識到達可能関係が得られ，これを完全に通常の意味での多重エージェント様相論理を解釈するための関係構造と見なす．重要な点は，この構造は始点となる認識状態とそこで実行することのできる動作によって生じるものであり，それ以外の何ものでもないということだ．つまり，結局のところ，告知によって生じる様相は，標準的な様相論理の枠組で定式化することができる．

「アンはハートを持っていない」という告知は，さまざまな点において単純な認識行為である．それは公開されていて，それゆえ（アンはビルに知られないように自分のカードをキャスに教えるといった）特定の人向けあるいは非公開の形態ではない．また，それは真実である．これは，私たちの状況設定では二つのことを意味する．アンは「私はハートを持っていない」と告知した．なぜなら，アンは自分がハートを持っていないことを知っていたか，あるいは自分の手元にあるカードを見たからである．アンは嘘をつくことを許されていない．しかし，これはまた，「アンはハートを持っていない」という告知が真（でなければならない）ということを意味する．それゆえ，私たちは，このモデルをその告知が真であるような状態に限定するのである．実はここでは論じないようないくつもの変種があり，真実でない告知（嘘をつくエージェント）を許したり，エージェントは自分たちが言ったことを信じるが，真であることを仮定しないという告知の意味論もある．このような意味論のほうが，（知識や知識の変化ではなく）信念や信念の変化をモデル化するのに適している．しかし，ここではこれらについて触れず，先を急ぐ．最後に，告知というプログラムは，決定的であるという意味で特殊である．すなわち，それは状態遷移作用素である．その他の動作（自分の持っていないカードを他のプレーヤーに囁く）は非決定的，すなわち，与えられた状態によって複数の結果が生じうる．

φ を公開告知した結果は，認識状態を φ が成り立つすべての状態に制限したものである．したがって，「φ の告知」は，まさに対応する動的様相演算子 $[\varphi]$ による認識状態の遷移であると考えられる．最後に，ここまでに述べたすべての演算子を含めた論理的言語を定義しておく．

定義 2（公開告知の論理的言語） エージェントの集合 A と原

子命題の集合 P が与えられたとする．任意の $p \in P$, $a \in A$, $B \subseteq A$ に対して，公開告知の言語は，次のように帰納的に定義される．

$$\varphi ::= p \mid \neg\varphi \mid (\varphi \wedge \varphi) \mid K_a\varphi \mid C_B\varphi \mid [\varphi]\varphi$$

定義 3（公開告知の言語の意味論） 与えられた認識モデル $M = \langle S, \sim, V \rangle$ と $s \in S$ に対して，次のように定義する．

- $M, s \vDash p \overset{\text{定義}}{\iff} s \in V_p$
- $M, s \vDash \neg\varphi \overset{\text{定義}}{\iff} M, s \nvDash \varphi$
- $M, s \vDash \varphi \wedge \psi \overset{\text{定義}}{\iff} M, s \vDash \varphi$ かつ $M, s \vDash \psi$
- $M, s \vDash K_a\varphi \overset{\text{定義}}{\iff}$
  すべての $t \in S$ に対して $s \sim_a t$ ならば $M, t \vDash \varphi$
- $M, s \vDash C_B\varphi \overset{\text{定義}}{\iff}$
  すべての $t \in S$ に対して $s \sim_B t$ ならば $M, t \vDash \varphi$
- $M, s \vDash [\varphi]\psi \overset{\text{定義}}{\iff} M, s \vDash \varphi$ ならば $M|\varphi, s \vDash \psi$

ただし，$M|\varphi = \langle S', \sim', V' \rangle$ は次のように定義する．

$$S' = \{s' \in S \mid M, s' \vDash \varphi\}$$
$$\sim'_a = \sim_a \cap (S' \times S')$$
$$V'_p = V_p \cap S'$$

モデル $M|\varphi$ は，モデル M を φ が成り立つすべての状態に制限したものである．（状態間の到達可能関係も同じように制限する．）$[\varphi]$ の双対 $\langle\varphi\rangle$ は，次のように定義する．

$$M, s \vDash \langle\varphi\rangle\psi \overset{\text{定義}}{\iff} M, s \vDash \varphi \text{ かつ } M|\varphi, s \vDash \psi$$

論理式 φ がモデル M で妥当となるのは，M の対象領域のすべての状態 s に対して $M, s \vDash \varphi$ であるとき，そしてそのときに限るとする．そして，これを $M \vDash \varphi$ と表記する．論理式 φ が妥当

となるのは，（与えられた A と P をもつモデルのクラスの）すべてのモデル M に対して $M \vDash \varphi$ であるとき，そしてそのときに限るとする．そして，これを $\vDash \varphi$ と表記する．

たとえば，「私はハートを持っていない」というアンの告知によって，アンはクラブを持っているとキャスが知ることを，意味論的計算によって確かめることができる．（図 12.4 を参照のこと．）

> **注** Hexa, ♣♡♠ $\vDash [\neg \text{Hearts}_a] K_c \text{Clubs}_a$ を証明するためには，Hexa, ♣♡♠ $\vDash \neg \text{Hearts}_a$ が Hexa$|\neg \text{Hearts}_a$, ♣♡♠ $\vDash K_c \text{Clubs}_a$ を含意することを示さなければならない．もちろん，Hexa, ♣♡♠ $\vDash \neg \text{Hearts}_a$ であるから（♣♡♠ $\notin V_{\text{Hearts}_a} = \{$♡♣♠, ♡♣♣$\}$ であることによる），あとは Hexa$|\neg \text{Hearts}_a$, ♣♡♠ $\vDash K_c \text{Clubs}_a$ が示せればよい．モデル Hexa$|\neg \text{Hearts}_a$ において，キャスが ♣♡♠ から到達可能な状態の集合は 1 元集合 $\{$♣♡♠$\}$ である．それゆえ，Hexa$|\neg \text{Hearts}_a$, ♣♡♠ $\vDash \text{Clubs}_a$ を示せば十分であるが，これは ♣♡♠ $\in V_{\text{Clubs}_a} = \{$♣♡♠, ♣♠♡$\}$ であることから自明である．

ここで与えた公開告知の意味論は，通常与えられる仕方で提示したものの，実は少しばかり不正確である．「$M, s \vDash [\varphi] \psi$ であるのは，$M, s \vDash \varphi$ が $M|\varphi, s \vDash \psi$ を含意するとき，そしてそのときに限る」に対して，M, s において φ が偽だとすると何がおこるか考えてみよう．この場合，$M|\varphi, s \vDash \psi$ は定義されない．なぜなら，s は，モデル $M|\varphi$ の対象領域に含まれないからである．見たところ，先件が偽で後件が真か偽のときに含意が真となることだけでなく，先件が偽で後件が定義されない場合にも含意が真となることを，なんとなく使ってしまっている．このようないい加減さがないように公開告知の意味論をもっと正確に定義すると次のようになる．$M, s \vDash [\varphi]\psi$ となるのは，$(M, s) \text{i} \varphi (M', t)$ となるすべての (M', t) に対して $(M', t) \vDash \psi$ となるとき，そしてそのときに限る．ただし，iφ は，中置記法を使った認識状態間の 2 項関係であり，$(M, s) \text{i} \varphi (M', t)$ が成り立つのは，$M' = M|\varphi$ か

つ $s = t$ のとき,そしてそのときに限る.

この論理に持ち込んだものを感じてもらうために,いくつかの妥当な基本的性質を提示する.いずれの場合も,興味をもってもらうためなので,証明はしない.

告知を実行することができるならば,そのやり方は一通りしかない.つまり

$$\langle\varphi\rangle\psi \to [\varphi]\psi \text{ は妥当である}.$$

これは,告知の状態遷移の意味論の定義 (定義 3 およびそれに続く $M, s \models \langle\varphi\rangle\psi$ の定義) から,簡単に導かれる.その逆 $[\varphi]\psi \to \langle\varphi\rangle\psi$ は成り立たない.それは,$\varphi = \psi = \bot$ としてみれば分かる.($\bot$ は「恒偽な命題」を表す.) $[\bot]\bot$ が妥当であり,$\bot$ を満たす認識状態はないので $\langle\bot\rangle\bot$ は常に偽となることが分かる.次にあげるものはすべて同値である.

- $\varphi \to [\varphi]\psi$
- $\varphi \to \langle\varphi\rangle\psi$
- $[\varphi]\psi$

引き続く二つの告知は,常により複雑な単一の告知で置き換えることができる.まず「φ」と言い,次に「ψ」と言ったとすると,それは一度に「φ,そしてその告知後に ψ」と言うことと同じである.これは次のように表現される.

$$[\varphi \wedge [\varphi]\psi]\chi \text{ は } [\varphi][\psi]\chi \text{ と同値である}.$$

この同値の妥当性は,意図をもってなされた告知をはじめとする,会話からの含意を解析する際には有用な特性である.意図

は，告知の後に成り立つべき事後条件 ψ としてモデル化されることもある．この場合には，ψ を達成しようとする意図をもった告知 φ は，$\varphi \land [\varphi]\psi$ という告知そのものである．

その一例として，認識状態 (Hexa, ♣♡♠) の完全な知識を持つ部外者によってなされた次の告知を考えてみよう．

> 部外者が「カードの配られ方は ♠♣♡ でも ♡♠♣ でもない」と言う．

これは，$\neg(\text{Spades}_a \land \text{Clubs}_b \land \text{Hearts}_c) \land \neg(\text{Hearts}_a \land \text{Spades}_b \land \text{Clubs}_c)$ と定式化される．この告知の内容を one と略記する．one が告知された結果を図 12.5 に示した．この告知の結果として，アン，ビル，キャスの 3 人のプレーヤーの誰もカードの配られ方を知りえないことが分かる．ここで，この部外者がカードの配られ方を誰にも知られはしないという都合のいい知識をもって告知 one をしたと，3 人のプレーヤーは（共有知として）分かっていると想像してみよう．たとえば，この部外者は自分の論理的能力を自慢していて，それをプレーヤーたちは何かの拍子に知ったのかもしれない．言い換えると，カードの配られ方をプレーヤーたちに分からせないという意図のもとで告知 one がなされたことが分かったのである．カードがどのように配られているのか分からないというのは，$\neg K_a(\text{Clubs}_a \land \text{Hearts}_b \land \text{Spades}_c) \land \neg K_b(\text{Clubs}_a \land \text{Hearts}_b \land \text{Spades}_c) \land \neg K_c(\text{Clubs}_a \land \text{Hearts}_b \land \text{Spades}_c) \land \cdots$ で始まる 18 項からなる長い連言の論理式で記述できる．この論理式を two と略記する．少なくとも一人のプレーヤーの同値類が 1 元集合であるときに，論理式 two は偽であり，それ以外のときには真である．したがって，one の告知された結果のモデル Hexa|one において，論理式 two が真になるのは，状態 ♣♡♠ だけである．two

の告知された結果は，図 12.5 をみてほしい．two の告知の結果として得られる認識状態では，すべてのプレーヤーがカードの配られ方を知っている．したがって，この認識状態において，two は偽である．では，プレーヤーが部外者の意図に気づくことにどんな意味があるのだろうか．それは，部外者は実際には one と言ったにもかかわらず，実は「one, そしてその告知後に two」を意味していた，言い換えると，部外者は one $\land$ [one]two と言ったことになるのだ．残念なことに，Hexa, ♣♡♠ ⊨ [one $\land$ [one]two]¬two であることが分かる．部外者はカードの配られ方を秘密にしておくことができたのに，それを秘密にしておこうという意図がその秘密を明かしてしまったのである．

$[\varphi]\psi$ において，告知の事後条件 ψ と，告知された論理式 φ の論理的関係は自明ではない．二つの告知を組み合わせて単一の告知にすることはその一例であり，$[\varphi][\psi]\chi \leftrightarrow [\varphi \land [\varphi]\psi]\chi$ は妥当である．しかし，さらに興味深い場合もある．事後条件が知識論理式，すなわち，$K_a\psi$ の形の論理式である場合を考えてみよう．このとき，$[\varphi]K_a\psi$ は $K_a[\varphi]\psi$ と同値ではない．なぜなら，様相性 $[\varphi]$ の解釈は，認識状態間の部分関数であるからだ．その単純な反例として次のものがある．(Hexa, ♣♡♠) において，アンはクラブを持っているが，「アンがハートを持っているという告知が真である限りにおいて，この告知の後にアンがクラブを持っているとキャスが知っている」のは真である．これは，この告知が真とはなりえないからである．言い換えると，

Hexa, ♣♡♠ ⊨ [Hearts$_a$]K_cClubs$_a$

が成り立つ．一方，「アンがハートを持っていると告知した後にアンがクラブを持っているとキャスが知っている」のは，偽である．なぜなら，キャスは，アンがハートを持っていて，この告知が正直になされたものならば，この告知後もアンがハートを持っているのは真だと考えることができるので，アンがクラブを持っ

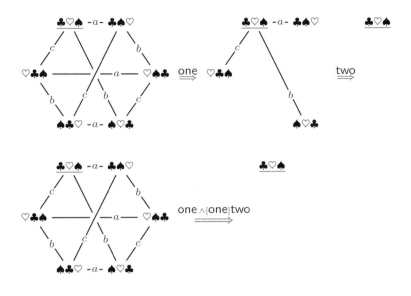

図 12.5 引き続く二つの告知を，単一の告知に置き換えることができる．

ていないとキャスは考えることができるからである．すなわち

$\text{Hexa}, \clubsuit\heartsuit\spadesuit \not\models K_c[\text{Hearts}_a]\text{Clubs}_a$

が成り立つ．告知が真実であるという条件付きで $[\varphi]K_a\psi$ を考えれば，

$[\varphi]K_a\psi$ と $\varphi \to K_a[\varphi]\psi$

は同値になる．否定の場合には，告知の遂行可能性が条件付きとなる同値関係がある．すなわち，この論理の妥当性をまた図式的に表せば，$[\varphi]\neg\psi \leftrightarrow (\varphi \to \neg[\varphi]\psi)$ になる．「共有知」の場合を除き，さらに二つの例を追加して，ここまでに述べたものを列挙すると次のようになる．

$$[\varphi]p \leftrightarrow (\varphi \to p)$$
$$[\varphi](\psi \land \chi) \leftrightarrow [\varphi]\psi \land [\varphi]\chi$$
$$[\varphi]\neg\psi \leftrightarrow (\varphi \to \neg[\varphi]\psi)$$
$$[\varphi]K_a\psi \leftrightarrow \varphi \to K_a[\varphi]\psi$$
$$[\varphi][\psi]\chi \leftrightarrow [\varphi \land [\varphi]\psi]\chi$$

これは便利である．最後のものを除いて，左辺にある告知はそれぞれある論理演算を束縛していて，右辺はその論理演算の内側に告知が押し込まれている．これを用いると，論理式をそれと同値な論理式に書き換えて，すべての公開告知演算子を取り除く処方箋が得られる．たとえば，次のように書き換えることができる．

$[\neg \text{Hearts}_a] K_c \neg \text{Hearts}_a$

$\leftrightarrow \neg \text{Hearts}_a \to K_c[\neg \text{Hearts}_a] \neg \text{Hearts}_a$

$\leftrightarrow \neg \text{Hearts}_a \to K_c(\neg \text{Hearts}_a \to \neg[\neg \text{Hearts}_a]\text{Hearts}_a)$

$\leftrightarrow \neg \text{Hearts}_a \to K_c(\neg \text{Hearts}_a \to \neg(\neg \text{Hearts}_a \to \text{Hearts}_a))$

$\leftrightarrow \neg \text{Hearts}_a \to K_c(\neg \text{Hearts}_a \to \neg \text{Hearts}_a)$

$\leftrightarrow \neg \text{Hearts}_a \to K_c \top$

$\leftrightarrow \top$

この場合，自明な論理式⊤（「常に真」）と同値になる．すべての論理式について，このように書き換えることができる．その結果が常に自明な論理式になるわけではないが，告知を含まない論理式にすることはできる．前述の最後の同値のように，二つの告知が続く論理式では，その書き換えは煩わしくそうに思える．しかし，実際には煩わしくないのである．内側から外側へと書き換える戦略を用い，与えられた論理式の同値な部分論理式は互いに置き換えることができるという原理も使うこともできる．この尺度ではたとえば，常にこの書き換えができるのである．また別のやり方としては，（証明の必要な）この原理を用いず，論理式に関する複雑性尺度を使うこともでkりう．この尺度では，たとえば，

$[\varphi][\psi]\chi$ という形の論理式は，$[\varphi \wedge [\varphi]\psi]\chi$ という形よりも複雑である．

公開告知論理の論理式は，公開告知なしの論理である多重エージェント認識論理の論理式と論理的に同値である．これは，共有知なしの公開告知論理の**表現能力**といわれるものは，多重エージェント認識論理のそれと同じである（すなわち，認識状態の集合に関して同じ性質を定義することができる）ことを示している．こうして，その論理のすべての妥当性を導き出す系統的な方法である，論理の完全な公理化も得られる．これに関しては，ここで深く掘り下げることはしない．

共有知を排除しているのには正当な理由がある．共有知を付け加えると，公開告知を含んだ論理式がすべて公開告知なしの論理式と同値になるとは，もはや言えない．告知と個人の知識に関する原理 $[\varphi]K_a\psi \leftrightarrow (\varphi \to K_a[\varphi]\psi)$ を単純に一般化した $[\varphi]C_A\psi \leftrightarrow (\varphi \to C_A[\varphi]\psi)$ は正しくない．

たとえば，二人のエージェント a と b および二つの原子命題 p と q に対するモデル M を考える．ただしその対象領域は $\{11, 01, 10\}$ であり，11 は p と q がともに真である状態，01 は p が偽で q が真である状態，10 は p が真で q が偽である状態とする．エージェント a は 11 と 01 を区別することができず，一方，b は 01 と 10 を区別することはできない．したがって，a は対象領域を $\{11, 01\}$ と $\{10\}$ に分割し，b は対象領域を $\{11\}$ と $\{01, 10\}$ に分割する．

$$\boxed{10 \text{ —}b\text{— } 01 \text{ —}a\text{— } 11} \quad \stackrel{p}{\Longrightarrow} \quad \boxed{10 \qquad\qquad\qquad 11}$$

ここで，論理式 $[p]C_{ab}q$ と $(p \to C_{ab}[p]q)$ を考える．そして，M の状態が 11 のときに，前者は真であるが，後者は偽であることを示す．まず，$M, 11 \models p$ かつ $M|p, 11 \models C_{ab}q$ であるから，

$M, 11 \vDash [p]C_{ab}q$ は 11 で真である．$(M, 11)$ で p を告知した結果については，上図をみてほしい．モデル $M|p$ は二つの非連結な状態からなる．$M|p, 11 \vDash q$ であり，11 から到達可能な唯一の状態は 11 であるから，あきらかに $M|p, 11 \vDash C_{ab}q$ である．一方，$M, 11 \vDash p$ だが $M, 11 \nvDash C_{ab}[p]q$ であるから，$M, 11 \nvDash p \to C_{ab}[p]q$ が得られる．$M, 11 \nvDash C_{ab}[p]q$ であるのは，(11 $\sim_a$ 01 および 01 $\sim_b$ 10 であることから) 11 $\sim_{ab}$ 10 および $M, 10 \nvDash [p]q$ だからである．$M|p$ において q を評価するとき，$M|p$ のもう一方の連結成分では q は偽，すなわち，$M|p, 10 \nvDash q$ である．

共有知と告知の相互作用に関する正しい原理を見つけることは，動的認識論理の歴史に不可欠な要素であった．その探求には2 通りの答えがある．

まず最初に，この論理の完全な公理化を得るために，妥当性に関する次の規則が考えられた．「$\chi \to [\varphi]\psi$ および $\chi \wedge \varphi \to E_A\chi$ が妥当ならば，$\chi \to [\varphi]C_A\psi$ は妥当である」というものである．公理化において，このような規則に対応するのは**導出規則**と呼ばれる．$\chi \to [\varphi]\psi$ および $\chi \wedge \varphi \to E_A\chi$ それぞれの具体例が導出されていることを前提として $\chi \to [\varphi]C_A\psi$ という形の結論も導出できるというものである．

しかし，言語をさらに拡張することもできる．具体的には，**条件付き共有知の演算子** $C_B^\psi \varphi$ **を導入する**ということである．条件付き共有知は，**相対化共有知**とも呼ばれ，グループ B に属するエージェントが ψ **を条件として**共有知 φ をもつことを意味する．$C_B\varphi$ の意味論が，B に属するエージェントの到達可能性により構成される有限の連鎖で状態 s から到達できるすべての状態 t で φ が真ならば，s において $C_B\varphi$ は真である，というものだったことを思い出そう．条件付き共有知 $C_B^\psi \varphi$ は，B に属するエージェントの到達可能性により構成される有限の連鎖で状態 s から到達でき，その連鎖中のすべての状態で条件 ψ が成り立つよう

なすべての状態 t で φ が真ならば，$C_B^\psi \varphi$ は s において真である，というものである．通常の共有知 $C_B \varphi$ は $C_B^\top \varphi$ として定義できる．条件付き共有知 $C_B^\psi \varphi$ は，$C_B(\varphi \wedge \psi)$ と同じではない．あきらかに，ψ が成り立つ有限の連鎖の終端の状態では，φ と ψ はともに真である．しかし，連鎖の終端では φ と ψ がともに真であるが，そこに至る途中のある状態では ψ が真でないような連鎖があるかもしれない．

結局のところ，このような共有知は導出規則ではなく公理により，具体的には $[\varphi]C_B^\psi \chi \leftrightarrow (\varphi \to C_B^{\varphi \wedge [\varphi]\psi}[\varphi]\chi)$ とすることができ，その $\psi = \top$ の場合の具体化は $[\varphi]C_B \chi \leftrightarrow (\varphi \to C_B^\varphi[\varphi]\chi)$ となる．ここではこの詳細には立ち入らないが，これを前述のモデル M を例に説明しよう．この例では，$[p]C_{ab}q$ は $p \to C_{ab}^p[p]q$ と同値になる．後者は状態 11 で真である．なぜなら，条件 p が偽である状態 01 を経由することができないので，状態 10 には到達可能でないからである．

12.6 不成功更新

φ と告知した後で，φ は真のままかもしれないが，偽になる場合もありうる．これは何とも悩ましい状況である．（そして，それゆえ，読者は知識パズルの書かれた本書を手に取っているのだろう．）その理由を理解するために，現代的な動的論理が形づくられる前の様相論理の歴史に立ち返ってみよう．論理式 $p \wedge \neg Kp$ は，英国の道徳哲学者 G.E. ムーアにちなんで，ムーア文として知られている．ムーア文は，知ることができない．言い換えると，認識論理では $K(p \wedge \neg Kp)$ は矛盾を生じる．このことは，次のような論証により簡単に分かる．$K(p \wedge \neg Kp)$ から $Kp \wedge K\neg Kp$ であるので，Kp が得られる．しかし，$Kp \wedge K\neg Kp$ からは $K\neg Kp$ も得られるので，これに知識（および信念）の性質を使うと $\neg Kp$ になる．

Kp と $\neg Kp$ からは矛盾が生じる.

動的認識論理では,動的な状況設定により,こうはならない.私はあなたに,p は真でありそれをあなたは知らないと言うことができる.そう言ったあと,あなたは p を知り,告知された文 $p \wedge \neg Kp$ は偽になる.$\neg(p \wedge \neg Kp)$ は,Kp を含意する $\neg p \vee Kp$ と同値である.これは,たちが悪いわけでも不可能なわけでもない.単に,動的性から生じた(みるからに重要な)結果なのである.動的認識論理では,この種の告知は**不成功更新**と呼ばれている.これは,真である告知を行った後で,その告知した論理式が偽になるというものだ.告知した人物の目的が「この論理式が真であることを広める」ことだとすると,その試みは明らかに不成功に終わったことになる.

私たちは,会話で直感的には成り立ちそうな(しかし正しくない)ある期待に欺かれているようだ.あるエージェントに対して真である告知 φ がなされたとすると,一見,この φ という告知はこのエージェントに φ を知らしめているように見える.言い換えると,φ が真であれば,この告知後には,$K\varphi$ は真でありそうだ.(K によって,そのエージェントの知識を表現する.ここの議論では,名前のないエージェントが一人いれば十分である.) 言い換えると,$\varphi \to [\varphi]K\varphi$ は妥当のようにみえる.しかし,こう期待することに,正当な根拠はない.なぜなら,この論理式の知識様相の部分の真偽は,この論理式の告知に影響されるかもしれないからである.しかし,一方で,私たちの直感はそれほど愚かというわけでもない.この期待は,場合によっては保証されている.かなりの数の論理式は,それが告知された後では,常に知られているようになる.それらは,成功更新とでも呼ぶことができるだろう.考えうるもっとも単純な次の例から始めてみよう.

$$0 \text{———} \underline{1} \quad \overset{p \wedge \neg Kp}{\Longrightarrow} \quad \underline{1}$$

これは，原子命題は p だけで，(名前のない) エージェントが一人，そして認識モデル M はこのエージェントが p について確定していないことを表している．これは，p が偽である状態 0 と，p が真である状態 1 からなり，これらの状態をエージェントは区別することができない．実際の状態は 1 だとする．$p \land \neg Kp$ という告知により，このモデルは p が真である状態に制限される．まず，p は状態 1 においてのみ真である．しかし，1 においては $\neg Kp$ もまた真である．なぜなら，エージェントは p が偽である状態 0 もありうると考えるからである．したがって，状態 1 において $p \land \neg Kp$ は真で，状態 0 においてあきらかに偽である．それゆえ，制限されたモデルは状態 1 だけからなる．この 1 元モデル $M|(p \land \neg Kp)$ において，エージェントは p であることを知っている．すなわち，Kp は真である．しかし，(前述のように) Kp が真ならば，$\neg p \lor Kp$ であり，これは告知の否定 $\neg(p \land \neg Kp)$ と同値である．したがって，告知後には $p \land \neg Kp$ は偽である．告知された論理式が偽であれば，この論理式が知られることはない．(ここでは，知られていることはすべて真であるという知識の性質の双対を用いている．) しかし，この場合には，いずれにせよ $p \land \neg Kp$ を知ることはできないので，これは明らかである．この結果をまとめると，次のようになる．

$M, 1 \vDash p \land \neg Kp$

$M|(p \land \neg Kp), 1 \vDash \neg(p \land \neg Kp)$

$M, 1 \nvDash \langle p \land \neg Kp \rangle (p \land \neg Kp)$

$M, 1 \nvDash \langle p \land \neg Kp \rangle K(p \land \neg Kp)$

$M, 1 \nvDash (p \land \neg Kp) \to [p \land \neg Kp] K(p \land \neg Kp)$

したがって，$\varphi = p \land \neg Kp$ とすると，$\vDash \varphi \to [\varphi] K\varphi$ にはならない．

では，多重エージェントの特徴を備えた別の例に移ろう．認識

状態 (Hexa, ♣♡♠) において，アンが「私がクラブを持っていることをビルは知らない」と告知したとしよう．会話の含意によれば，この告知はその事実が真であることを示しており，したがって，それは「アンはクラブを持っているがビルはアンがクラブを持っていると知らない」を意味する．そして，アンがそう言い，またアンは彼女が真だと知っていることしか言わないので，「アンはクラブを持っているがビルはアンがクラブを持っていると知らない，とアンは知っている」ことが分かる．これは，$K_a(\text{Clubs}_a \wedge \neg K_b \text{Clubs}_a)$ という告知である．この告知後に，アンがクラブを持っているとビルには分かり，したがって $K_b \text{Clubs}_a$ は真になる．それゆえ，$\neg(\text{Clubs}_a \wedge \neg K_b \text{Clubs}_a)$ も真になり，$\neg K_a(\text{Clubs}_a \wedge \neg K_b \text{Clubs}_a)$ もまた真になる．読者は，告知後にこの告知された論理式が偽になることを，図 12.6 で簡単に確かめることができるだろう．多重エージェントの状況では，会話において期待するのは，告知した論理式が共有知になるということである．そして，不成功論理式 (論理式 φ で $[\varphi]\varphi$ が妥当でないもの) は，それを達成しそこなっている．もちろん，Hexa, ♣♡♠ $\not\models$ $\langle K_a(\text{Clubs}_a \wedge \neg K_b \text{Clubs}_a)\rangle C_{abc} K_a(\text{Clubs}_a \wedge \neg K_b \text{Clubs}_a)$ が得

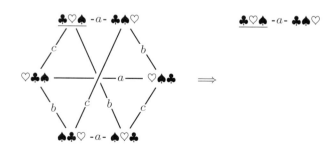

図 12.6 アンが「私がクラブを持っていることをあなたは知らない」とビルに言う．

られたので，$\not\models K_a(\text{Clubs}_a \land \neg K_b\text{Clubs}_a) \to [K_a(\text{Clubs}_a \land \neg K_b\text{Clubs}_a)]C_{abc}K_a(\text{Clubs}_a \land \neg K_b\text{Clubs}_a)$ もしかりである．したがって，$\models \varphi \to [\varphi]C_A\varphi$ にもならない．

ここまでに見てきた二つの例は，告知後には永久に偽となる論理式であった．これらは，いわば，常に不成功なのである．また，前述の $(M,1)$ における単純な p という告知や，また別の例では，ビルの不知をわざわざ言い立てることなく，自分はクラブを持っているとアンが言うような常に成功する論理式もある．真な事実が告知されたならば，その後は常に共有知となる．すなわち，$\models p \to [p]C_a p$ である．この「常に成功」と「常に不成功」という両極端の間に，告知後に，与えられた認識状態によって，ある場合には真となり，ある場合には偽となる論理式もある．

第 3 章の泥んこの子供たちの問題での「前に進み出ない」というのは，その典型的な例である．子供たちが 3 人の場合に，$i = a, b, c$ に対して，m_i で「子供 i は泥んこである」を表すことにする．泥んこの子供たちの問題において，最初の告知は，父親の「君らのうち，少なくとも一人は泥で汚れている」という発言である．これは簡単で，$m_a \lor m_b \lor m_c$ になる．この論理式を one と略記する．次に，父親は「自分が泥んこかどうか分かるならば，前に進み出るように」と言う．泥んこの子供たちの問題における「告知」(公に観測される事象) は，前に進み出るようにという父親の指示に対する子供たちの同時の反応であることを思い出そう．これが誰も前に進み出ないという反応であるならば，それは実際には「誰も自分が泥んこかどうか分かっていない」ことを意味する．たとえば，「アンは自分が泥んこかどうか分かっている」というのは，$K_a m_a \lor K_a \neg m_a$ と定式化されるので，「誰も自分が泥んこかどうか分かっていない」というのは
$\neg(K_a m_a \lor K_a \neg m_a) \land \neg(K_b m_b \lor K_b \neg m_b) \land \neg(K_c m_c \lor K_c \neg m_c)$
と定式化される．この論理式を (前に進み出ないことを表す) nostep

と呼ぶ．この否定 ¬nostep は，少なくとも一人の子供が自分は泥んこかどうか分かっているときに真であり，したがって，泥んこの子供が前に進み出た場合，¬nostep は真になる．ここで，この問題の情報遷移をもう一度図示しておく．

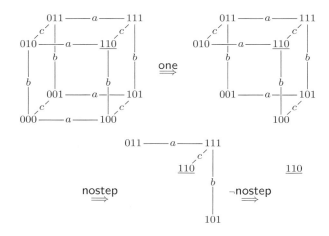

誰も自分が泥んこかどうか分かっていないことを表す論理式は，当初は真であり，（誰も前に進み出ないときの）告知により偽になり，そして，（アリスとボブが前に進み出たときに）否定が告知されたときには偽のままである．ここで，3 人の子供全員が泥んこである場合を考えよう．すると，父親は，この指示を 3 回繰り返さなければならない．最初は誰も前に進み出ず，誰も自分が泥んこだと分かっていないというのは真のままである．2 回目に，これは偽になる．したがって，次の式が成り立つ．

$M, 111 \models \mathsf{one}$

$M|\mathsf{one}, 111 \models \mathsf{nostep}$

$M|\text{one}|\text{nostep}, 111 \vDash \text{nostep}$

$M|\text{one}|\text{nostep}|\text{nostep}, 111 \vDash \neg\text{nostep}$

論理式 nostep は,ときには成功し,ときには不成功になる.n 人の子供のうち k 人が泥んこだとして,n 人の子供たちが自分は泥んこかどうか分かっていないことを形式的に nostep_n で表す.(したがって,前述の nostep は nostep_3 になる.)このとき,父親は指示を k 回繰り返さなければならない.最初の $k-2$ 回は,子供たちの反応 (告知 nostep_n) は成功し,$(k-1)$ 回目は不成功 (論理式 $\neg\text{nostep}_n$ が真になる),そして,それゆえ k 回目には子供たちが前に進み出る.

このような細かな違いは,次の用語によってすべて記述される.

定義 4(成功論理式/成功更新) 公開告知の言語による論理式 φ は,$[\varphi]\varphi$ が妥当であるとき,そしてそのときに限り,成功という.論理式が不成功であるのは,その論理式が成功でないとき,そしてそのときに限る.与えられた知識状態 (M, s) に対して,φ が (M, s) で成功更新となるのは,$M, s \vDash \langle\varphi\rangle\varphi$ であるとき,そしてそのときに限る.また,φ が (M, s) で不成功更新となるのは,$M, s \vDash \langle\varphi\rangle\neg\varphi$ であるとき,そしてそのときに限る.

$\langle\varphi\rangle$ は $[\varphi]$ の双対であることを思い出そう.$\langle\varphi\rangle\psi$ は,$\neg[\varphi]\neg\psi$ の省略形を意味する.あるいは,告知の同値関係を使うと,$\langle\varphi\rangle\psi$ は $\varphi \wedge [\varphi]\psi$ とみなすことができる.

成功論理式の告知は,常に成功更新である.しかし,場合によっては,不成功論理式の告知が成功更新となることもある.直感的には,「不成功」は,認識状態と論理式の間の関係を表し,論理式の性質を表すものではない.それゆえ,論理式を不成功と呼ぶことは,すべての矛盾する論理式が成功になるという問題点

がある.

私たちの「成功」に対する直感を，成功論理式の定義に結びつけるうまいやり方がある．論理式 $[\varphi]\varphi$ が妥当なのは，$[\varphi]C_A\varphi$ が妥当であるとき，そしてそのときに限り，それは，$\varphi \to [\varphi]C_A\varphi$ が妥当であるとき，そしてそのときに限る．したがって，成功論理式は，私たちがそうであって欲しいと考えるようになっている．すなわち，成功論理式が真であれば，それは告知すると共有知になるのである．どのような論理式が成功であるのかは分かっていない．単一エージェントの場合には，この問いに対して答えは出ている．（そして，それは非常に技術的である．）しかし，多重エージェントの場合には，答えはでていない．この問いの答えは明らかではない．なぜなら，φ と ψ がともに成功であったとしても，$\neg\varphi, \varphi \wedge \psi, \varphi \to \psi$ は不成功かもしれないからである．たとえば，p と $\neg Kp$ がともに成功論理式だとしても，すでにみたように，$p \wedge \neg Kp$ は不成功である．

注 論理式が告知されたことによって，それが偽になるというのは，不可解なことである．これが，認識パズルがパズルと呼ばれる明確な理由である．本書で扱うほとんどすべての謎解きには，偽になるような告知か，不知が知識に変わることが関与している．連続する自然数のパズルでは，アンとビルは，互いにその数が分からないと言うことで，相手の数を知るようになる．私たちのモデル化の要求に合うようにこの問題を仕立て上げると次のようになる．「アンはビルの数が分からない」は成功更新であり，「ビルはアンの数が分からない」も成功更新である．しかし，「アンはビルの数が分からない．そして，そのあとで，ビルはアンの数が分からない」は不成功更新である．予期できない絞首刑においては，予期できない驚きは，告知されることによって台無しになる．ロシア式カードでは，秘密を守ろうとするがために，情報が漏れて，秘密でなくなってしまう．和と積の謎解きでは，当初，S と P は数の対が分からないが，分からないことを互いに告知することによって，その数の対が分かる．泥んこの

子供たちに対して前述のように詳しくやったように，また，連続する自然数に対して概略を示したように，ていねいにモデル化すれば，それぞれの状況設定における不成功更新を構成することができる．

12.7 認識行為

公開告知には，認識モデルを制限するという効果がある．いくつかの認識行為は公開されておらず，したがって，その行為には認識モデルを制限するという効果はない．アン，ビル，キャスという 3 人のプレーヤーがクラブ，ハート，スペードのカードの中の一枚ずつを持っているときの認識状態 (Hexa, ♣♡♠) を再考してみよう．ここでは，アンがクラブを，ビルがハートを，キャスがスペードを持っているものとする．次の行為を考えてみる．（そのほかのカードについては，第 11 章で詳細に取り扱った.）

> アンは，自分の持っているクラブのカードをビルに（だけ）見せる．キャスは，アンが見せたカードが何であるか見えないが，ビルにカードを見せていることには気づいている．

この認識状態の設定では常にそうであるように，プレーヤーは何を見る（聞く）ことができ，何を見る（聞く）ことができないかは，公に知られていると仮定する．このアンの行為を showclubs と呼ぶ．この行為によって引き起こされる認識状態の遷移を図 12.7 に示した．公開告知がされた後とは異なり，showclubs という行為では，いかなる状態も排除することはできない．アンは，どんなカードが配られたとしても，そのカードを見せることができる．その代わりに，状態の間の b をラベルとする辺が切断され

た．実際のカードの配られ方がどうであったとしても，アンのカードを見せる行為によって，ビルにはカードの配られ方が分かる．どのカードの配られ方も排除されない理由は，見せられたカードで公には分かっているものはないからである．これを説明しよう．これらの認識行為をモデル化する方法は，いずれかのエージェントの視点から起こりうるすべてを考えるというものであり，その際にはエージェントがほかのエージェントについてどのような可能性を考えるかも考慮に入れるべきである．

- あきらかに，アンがクラブを見せるということは排除できない．なぜなら，アンは実際にクラブを見せるからである．
- アンがハートを見せるということもまた排除することはできない．アンがハートを持っているとキャスが考えうるとアンは考えうる．なぜなら，アンは，キャスがスペードを持っていると考えうるので，アンがクラブを見せるかハートを見せるかはキャスには分からない，と考えうる．したがって，それはハートかもしれないからである．

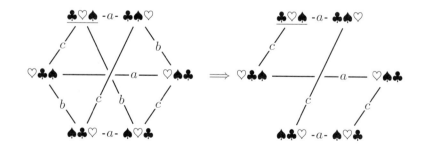

図 12.7 左側の図式は，3 人のプレーヤーがそれぞれ 1 枚のカードを持っている場合の認識モデルである．右側の図式は，アンが自分のクラブをビルに見せた結果である．

- アンがスペードを見せるということもまた排除することはできない．アンは，キャスがスペードではなくハートを持っていると考えうる．この場合，キャスは，アンがクラブかスペードのどちらをみせるか分からないだろう．したがって，それはスペードかもしれないのである．

この認識行為に関するビルやキャスの視点はいささか異なる．ビルがアンのカードを見た瞬間，ビルは，その行為が実行される前には可能であったと考えていたそのほかの行為を排除する．アンがその行為を行う前には，ビルは，クラブかスペードのどちらかを見せられると考えていた．しかし，それを見てみるとクラブであった．（そして，アンが持っているカードがクラブであるとも分かる．）キャスは，アンがスペードを見せるということだけを排除できる．なぜなら，キャス自身がスペードを持っているからである．キャスは，アンがクラブかハートのどちらかを見せる可能性を考える．しかし，アンは，キャスがスペードを排除していることを知らない．なぜなら，この行為の後でさえ，アンは，キャスがハートを持っている可能性を考えているからである．モデル化において重要なことは，この高階の視点である．この視点から，キャスは原理的には（すなわち，キャスの実際のカードが何か我々が知らないならば），この3通りのカードを見せる行為を見分けることができないのである．

showclubs を，アンがクラブを見せる，ハートを見せる，スペードを見せるという可能な3通りの行為を関連付ける，構造化された認識行為と考えることができる．この3通りの行為をアンとビルは見分けられることは分かるが，キャスにはこれらを一つも見分けられない．この3通りのカードを見せる行為の事前条件は，アンが見せるカードを実際に持っているということである．その結果，この認識行為は，対象領域とそれぞれのエージェント

にとっての識別不可能性の関係からなる関係構造である認識モデルによく似たものとなる．ただし，それぞれの状態における原子命題の付値の代わりに，それぞれの行為に事前条件が付随している．また，実際に起こった（クラブを見せるという）行為が指定されている（次の図では下線によって示されている）．3通りの行為の分かりやすい名前として，♣, ♡, ♠ を用いることにすると，pre(♣) = Clubs$_a$ などが成り立つ（pre で事前条件を表す）．

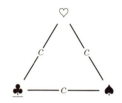

すると次に問題となるのは，与えられた初期認識状態 (Hexa, ♣♡♠) に対して，この認識行為 showclubs を実行することでビルが常にカードの配られ方を知るような認識状態をどうやって構成するかである．これが，動的認識論理の展開に関する本章の話の最終段階となる．**行為モデル論理**として知られるものの概略の説明を進めよう．

行為モデルは認識モデルに似た構造であるが，付値関数の代わりに事前条件関数が使われる．

> **定義 5**（行為モデル）行為モデル $\mathsf{M} = \langle \mathsf{S}, \approx, \mathsf{pre} \rangle$ は，行為の対象領域 S，それぞれの $\approx_a$ が到達可能関係になる到達可能性関数 $\approx \colon A \longrightarrow \mathcal{P}(\mathsf{S} \times \mathsf{S})$，事前条件関数 $\mathsf{pre} \colon \mathsf{S} \longrightarrow \mathcal{L}$ からなる．ただし，$\mathcal{L}$ は論理的言語である．基点付きの（つまり S の一つの元が指定された）行為モデルを認識行為という．

この概略では，到達可能関係が同値関係になるような行為モデルだけを考える．しかし，一般的には，その種の制約は課されない．（たとえば，知識の変化ではなく，信念の変化をモデル化するためには，同値関係ではない到達可能関係を考える．）φ という真な公開告知は，事前条件が φ である一元行為モデルで，すべてのエージェントはこの単一の行為に到達可能である．行為モデル論理は，公開告知論理の一般化である．

ある認識状態で認識行為を遂行することは，それらの制約様相積と言われるものの計算にほかならない．この制約様相積は，情報の新たな状態を表している．

> **定義 6**（認識行為による認識状態の更新） $M = \langle S, \sim, V \rangle$ であるような認識状態 (M, s) と，$\mathsf{M} = \langle \mathsf{S}, \approx, \mathsf{pre} \rangle$ であるような認識行為 (M, s) が与えられたとする．そして，$M, s \vDash \mathsf{pre}(\mathsf{s})$ が成り立つとする．更新 $(M \otimes \mathsf{M}, (s, \mathsf{s}))$ とは，次のように定義される認識モデル $M \otimes \mathsf{M} = \langle S', \sim', V' \rangle$ による認識状態である．
> $$S' = \{(t, \mathsf{t}) \mid M, t \vDash \mathsf{pre}(\mathsf{t})\}$$
> $$(t, \mathsf{t}) \sim'_a (t', \mathsf{t}') \overset{\text{定義}}{\iff} t \sim_a t' \text{ かつ } \mathsf{t} \approx_a \mathsf{t}'$$
> $$(t, \mathsf{t}) \in V'_p \overset{\text{定義}}{\iff} t \in V_p.$$

$M \otimes \mathsf{M}$ の対象領域は，M と M それぞれの対象領域の積であるが，状態と行為の対 (t, t) は $M, t \vDash \mathsf{pre}(\mathsf{t})$ が成り立つもの，すなわち，その状態でその行為を行うことができるものに制限されている．（この結果として得られる対象領域の状態は，これまでのような抽象的な対象ではなく，このような状態と行為の対になっている．それでもこれは，作用のモデル化がわずかに異なる，抽象的な対象とみることもできる．）エージェントは，初期の認識状態において状態 t と t' を区

別できず，(t で遂行される) 行為 t と (t' で遂行される) 行為 t' を区別できないならば，次の認識状態において対 (t,t) と対 (t',t') を区別できない．行為が遂行された後も，付値に変化はない．これは知識の変化についての論理であり，事実の変化についての論理ではないからである．

論理的言語において，告知のための動的演算子に非常によく似た動的演算子を認識行為の遂行と関連付けることができる．$[\mathsf{M},\mathsf{s}]\varphi$ は，認識行為 (M,s) の遂行の後では常に φ が真であることを意味する．いくつかの技術的詳細は省略するが，この様相性の意味論は次のようになる．

$M, s \vDash [\mathsf{M},\mathsf{s}]\varphi$ iff $M, s \vDash \mathsf{pre}(\mathsf{s})$ ならば $(M \otimes \mathsf{M}), (s, \mathsf{s}) \vDash \varphi$.

アン，ビル，キャスがそれぞれ 1 枚のカードを持っている認識状態において，アンがクラブのカードを見せるという認識行為を遂行した結果を図 12.8 に示す．ただし，前述の定義を用いるものとする．たとえば，結果のモデルに (♣♡♠, ♣) が対として現れる．なぜなら，$\mathsf{pre}(♣) = \mathrm{Clubs}_a$ かつ Hexa, ♣♡♠ ⊨ Clubs_a であるからである．そして，この結果のモデルにおいて，(♣♡♠, ♣) $\sim_a$ (♣♠♡, ♣) になる．なぜなら，♣♡♠ $\sim_a$ ♣♠♡ かつ ♣ $\sim_a$ ♣ であるからである．しかしながら，♣ $\not\sim_b$ ♡ であるから，(♣♡♠, ♣) $\not\sim_b$ (♠♡♣, ♡) となる．

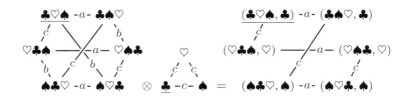

図 12.8　行為モデルの遂行として，アンはビルにクラブを見せる．

認識行為のまた別の例として，アンが自分のカードを見せるという行為に類似した次のような行為を考える．

> アンが持っていないカードのうちの一枚を囁くようにビルがアンに（公に）依頼したことに対して，アンはスペードのカードを持っていないとビルの耳元で囁く．

アンがクラブを持っていたとすると，アンは「ハートを持っていない」か「スペードを持っていない」と囁くことができる．そして，実際のカードの配られ方がどうであっても，アンはこのような二つの選択肢の中からどちらか一方を選ぶことができる．ここから，行為を遂行するための3通りの事前条件がそれぞれ $\neg \text{Clubs}_a, \neg \text{Hearts}_a, \neg \text{Spades}_a$ であることを除いて，アンがカードを見せたのと同じ認識行為（モデル）が得られる．生じる認識状態は，その選択を反映しているもの，それゆえ，$6 \cdot 2 = 12$ 通りの状態から構成されるものであってほしい．これを，図12.9に図示した．読者は，この耳元で囁くという行為に対して望ましい事前条件が確かに成り立っていることを確認してみるとよい．たとえば，ビルがハートを持っていたとすると，アンが「スペードを持っていない」と囁くことからアンのカードが何であるか，そして，カードの配られ方全体をビルは知っているだろう．したがって，実際の状態において，ビルにはほかの選択肢はありえない．（実際の状態は，図中の「後ろ側」にある下線を引いた状態 ♣♡♠ である．カードの配られ方が同じである異なる状態は，それらがほかの状態とどのような関係にあるかという認識的性質により区別することができるので，同じ名前がつけられている．）しかし，ビルがカードの配られ方を知っていることをキャスは知らない．なぜなら，キャスは，アンが実際には「ハートを持っていない」と囁いたとも考えうるからである．ビルは自分でハートを持っているから，これはビ

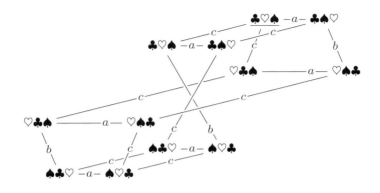

図 12.9 スペードを持っていないとアンがビルの耳元で囁いた結果の認識状態.

ルにとってはすでに知っていることでしかない.したがって,ビルは,この行為からそれほど多くを知ることにはならない.図 12.9 において,いわば「真ん中の層」に ♣♡♠ という同じ名前の状態があり,キャスにとっては「後ろ側」の状態 ♣♡♠ から到達可能であることに注意せよ.それゆえ,キャスは,アンがクラブを持っていて「スペードを持っていない」と囁いた結果と,アンがクラブを持っていて「ハートを持っていない」と囁いた結果を区別できない.キャスは,c をラベルとする辺の連鎖で結ばれた二つの状態を区別できないのである.たとえば,キャスは,アンがクラブを持っていて「ハートを持っていない」と囁いた結果と,アンがハートを持っていて「スペードを持っていない」と囁いた結果も区別できない.

この行為モデル論理については,さらに言っておかなければならないことがある.公理化の観点から,行為モデルの様相性がほかの演算子とどのように影響しあうかという問題には触れてこなかった.この枠組みにおける共有知についても取り上げなかっ

た.また,(認識行為を遂行すると原子命題の値が変わるといった)事実の変化を許すと,さらなる一般化が可能になる.認識変化と事実変化の相互作用は興味深く,また悩ましいものである.これは,泥んこの子供たちの問題でアンが顔を洗う(その結果として,「アンは泥んこである」という命題の真偽値が変化する)変形や,「100人の囚人と電球」の謎解きでみてきた.後者では,取調べを受ける囚人だけが電球の状態が分かるという公には観測されない行為と組み合わせて,電球が絶えず点けられたり消されたりする.後ほど,12.10節で,行為モデル論理の参考文献や関連する研究を紹介する.

12.8 信念改訂

動的認識論理では,途中で気が変わることはできない.ある事実(原子命題)をいったん知ってしまったら,それを永久に知りつづける.いったん Kp が真になれば,更新が何度あっても,それは真のままである.知識をモデル化する場合には,これは明らかである.知識の性質の一つとして,知っている命題は真,すなわち,$(K\varphi \to \varphi)$ というのがある.したがって,気が変わる必要はない.すでに紹介したように,知識の変化に対する理論的設定は,信念などのそのほかの認識概念に容易に一般化することができる.一般的に,信念と知識の違いは,信念は偽かもしれないということである.「エージェントが φ を信じている」を $B\varphi$ と表記することにしよう.机上にあるカードがクラブだと信じていても,実際にはそのカードがスペードだということもありえる.すなわち,$B\text{Clubs} \land \neg \text{Clubs}$ は矛盾しない.信念に対する論理的な基本性質を決めて,そのような様相性を認識構造に翻訳することは,それほど難しいことではない.その到達可能関係は同値関係にはならない.(同値関係は反射的であり,実際の状態は常に起こりう

ると考える.しかし,間違った信念では,実際の状態,すなわち「本当に起きていること」が起こりえるとは考えない.)

ここで必要なのは,事実についての信念 Bp が $B\neg p$ に変わりうるような,複雑な信念の変化も扱うことのできる信念変化の論理である.別の分野ではこれが「信念改訂」と呼ばれ,人工知能の広範な領域で用いられているとしても驚くにあたらない.そこでは,このような信念の変化がもっとも自然な活動であり,その活動はまさに信念改訂と呼ばれる.動的認識論理の発展においては,知識の変化をどうモデル化するかが先で,その後で信念改訂をどうモデル化するかが考えられた.この節では,この基本的な性質を概観する.

エージェントと,そのエージェントには確信のない原子命題 p を考える.ここでは,主として単一のエージェントだけによる信念変化に関することだけを説明するので,信念演算子 B にはエージェントを指定しない.机上にあるカードがクラブ,ハート,スペードのどれであるかはアンには確信がないという状況を考えよう.実際は,机上にあるのはスペードである.認識モデル $(T, ♠)$(T で机上を表す)は次のようになる.ただし,この場合には,(後ほど,この構造を改良することを考えて)推移性を仮定しない.

この例では,三つの原子命題 Clubs, Hearts, Spades があり,たとえば,♣ においては Clubs だけが真というようになる.ここまでは,これまでにみてきた知識の変化と違いはない.しかし,ここからが違ってくる.アンは,ある状態がほかの状態よりももっともらしいと考えるかもしれない.たとえば,机上にあるのがハートであることよりもクラブであることのほうがもっともらし

く，さらにスペードであるようにハートであることのほうがもっともらしいと思うかもしれない．アンは，もっとももっともらしいと考えることを信じる．それゆえ，アンは，机上のカードがクラブであると信じる．すなわち，$BClubs$ である．これは，机上のカードが実際には何であるかとは関係がない．机上にあるのはスペードである．したがって，$T, ♠ \vDash \text{Spades} \wedge BClubs$ であり，また $T, ♠ \vDash \neg \text{Clubs} \wedge BClubs$ でもある．形式的には，これらの状態の間のアンの嗜好を，状態の対 $(♣, ♡), (♣, ♠), (♡, ♠)$ からなる関係 < としてモデル化することができる．一般的には，このような関係の反射閉包 $\leq$ を考える．このとき $♣ \leq ♣$ は，クラブがそれ自体と少なくとも同じもっともらしさであることを表し，この関係が双方向に成り立つことから，クラブはそれ自体と同じもっともらしさになる．(より一般的には，異なる状態が同じもっともらしさになることがある．たとえば，アンは，机上にあるのがクラブであることとスペードであることは同じもっともらしさで，机上にあるのがハートであることはそれらよりもっともらしくないと考えるかもしれない．)

この状況設定で知識 K をモデル化することもできる．もっともらしさの関係 $\leq$ は，いくつかの性質の成り立つことが要求される．($\leq$ は整擬順序でなければならない．すなわち，$\leq$ は反射的かつ推移的で，任意の空でない部分集合には，その集合のほかの要素と少なくとも同じもっともらしさの要素が存在しなければならない．) そして，$\sim$ を，$\leq$ の対称閉包と定義することができる．すなわち，$s \sim t$ であるのは，$s \leq t$ か $t \leq s$ のいずれかであるとき，そしてそのときに限る．すると，$\sim$ は，知識と解釈することのできる同値関係になる．$K\varphi$ が状態 s で真となるのは，s と区別することのできない (すなわち $t \sim s$ となる) すべての状態 t において φ が真であるとき，そしてそのときに限る．たとえば，アンは机上のカードがクラブかスペードかハートのいずれかであることを**知っている**．これは，モデル T における到達可能関係である．一つの図の中に $\sim$

と $>$ をいっしょにすると，次の図のように書くことができる．

ここで，エージェントが自分の現在の信念を改訂したいと考えたとする．机上にあるのはスペードである．アンは，机上にクラブがあると信じているが，それが偽だと信ずるに足る十分な理由が見つかった．アンは，¬Clubs という情報を取り込みたい．これは，Clubs が真である状態よりも Clubs が偽であるような状態をもっともらしくすることで，達成することができる．したがって，(♣,♡) と (♣,♠) を取り除き，(♡,♣) と (♠,♣) を加えるように到達可能関係 $<$ を変更する．残りのスペードよりもハートのほうが好ましいという関係は，どのようにすべきか．合理的なアプローチは，そのままにしておくということである．そうすると，(♡,♠) は新たなもっともらしさの関係にも含まれる．それゆえ，この例では，改訂されたモデル T' は次のようになる．

こうなると，♡ がもっとももっともらしい状態であり，したがって，$T', ♠ \models B\text{Hearts}$ であることが分かる．知識については変化はない．すなわち，$T', ♠ \models K(\text{Clubs} \vee \text{Hearts} \vee \text{Spades})$ が成り立っている．

信念変化の作用は，動的様相性 $[*\varphi]$ をもつ論理的言語でモデル化することもできる．この動的様相性は，前述の例にもあり，のちほど概要を述べる，「もっともらしさを変更する作用と解釈される論理式 φ による信念改訂」を表す．これを前述の例にあて

はめると，$T, \text{Spades} \models B\text{Clubs} \land [* \neg \text{Clubs}]B\text{Hearts}$ ということができる．一般的に，論理式 φ を用いて信念改訂するとき，もっとも信念の変更を少なくするやり方は，φ が成り立たないすべての状態よりも φ が成り立つすべての状態をもっともらしくし，φ が成り立つ状態の間ではもっともらしさを保ち，同様に φ が成り立たない状態の間ではもっともらしさを保つことである．

そして，相異なる信念改訂のポリシーをもつ多重エージェントに対しても，共通の信念演算子が存在すればこれを行うことができ，また，非公開版の信念改訂に対してもこれを行うことができる．またしても，動的認識論理の大きな絨毯を心地よく広げることができるのである．本書で紹介した知識を用いる謎解きは，どれも信念改訂を用いず，いずれも知識の変化とみることができる．しかし，動的認識論理の歴史においては，信念改訂をいかにモデル化するかは重要な主題である．

12.9 動的認識論理を越えて

ここまでで，公開告知の論理，認識行為の論理，そして動的認識論理における信念改訂を少しばかりみてきた．実際はさらに多くの研究がされてきている．そのうちのあるもについてはすでに言及した．知識を変えるのではなく，信念を変えたり，（前節のように）知識と信念の両方を同時に変えたり，そのほかの認識にまつわるさまざまな概念の動的変遷を調べることができる．認識の変化（知識の変化など）と事実の変化（顔を洗う泥んこの子供たちや電球のスイッチを切りかえるというような）を組み合わせることもできる．行為の遂行は「時計が時を刻む音」，すなわち，時間の刻みとみなすこともできる．そして，これが，行為と知識の論理および時間と知識の論理を結ぶ架け橋，動的認識論理と時相認識論理を結ぶ架け橋となっている．このような多くの論理のどれかが与えら

れたとき，研究者は，与えられたモデルにおいて論理式の真偽が決定できるか（モデル検査）を解明すること，論理式がモデルをもつかどうか（充足可能性）を解明すること，そのような決定問題の計算量的複雑性に関心がある．概して，論理式がほかの論理式の集合から導けるかどうかを決定するための機械的手続きである公理化が前提となる．そこでの中心となる問題は，そのような証明手続きが健全かつ完全であるかどうかを決めることである．健全性とは，そのような証明から妥当でない論理式が導かれることはないという意味であり，完全性は，そのような証明からすべての妥当な論理式が見つかるという意味である．これらの話題すべてに関するいくつかの参考文献は，次節で注釈をつけて挙げる．

12.10 歴史的経緯

●認識論理と共有知

様相論理としての知識の論理は，しばしばヒンティッカ [48] に帰すると言われる．しかし，ヒンティッカ自身は，学究肌であり人格者でもあったので，この栄誉を自分のものとはせず，常に自分よりも前の起源に言及している．1962年の彼の著作『認識と信念』は，今日でも，優れた著作である．共有知は，知識にすぐ続いて，[61]，[32]，[8]，[69]（1970年代後半に発表された覚書）によって切り開かれた．条件付き共有知は，[57]，[96] によるもっと最近の発明である．認識論理と共有知についての素晴らしい入門書として [26] や [70] があり，近年の便覧として [114] がある．

●公開告知

公開告知を含む多重エージェント認識論理は [76]，および，それとは独立に [40] で提案・公理化された．[76] では，公開告知は2項演算 + とみなされ，$\varphi + \psi$ は $\langle \varphi \rangle \psi$ と同値になる．これに続

いて，共有知を含む公開告知の論理が [11] で公理化された．（この
論文には行為モデル論理も含まれている．）

公開告知論理にはいくつかの先駆的研究がある．その一つは，
いわゆる解釈体系におけるメタレベルでの認識変化の記述に関す
る先行・独立した方向での研究である．これは，実行/体系アプ
ローチとして知られている．動的認識論理でのちに得られた多く
の結果は，この分野で開発された，より一般的な時相認識の枠組
みの特別な場合とみなすべきである．動的変遷の特徴は，動的様
相性ではなく，時相様相性を用いて表現される．包括的な概説
は，この節の範囲を越える．ここでは，非常に読みやすい『知識
についての推論』[26] や，たとえば，[117] を挙げておく．

（著者らの経歴からすれば）安心して詳細を示すことできる別の先
行研究として，必ずしも動的ではない認識の意味論への動的様
相性によるアプローチがある．おおよそ「動的意味論」あるい
は「更新意味論」として知られているこのアプローチは，[115],
[60], [43], [119] によって切り開かれた．このアプローチと [92]
が始めた動的命題論理を大きな動機とする研究の間には強い関係
があり，それに [22] や [52] が続いた．これに関する研究の背景
を知るには，[93] を薦める．このようなアプローチはどれも情報
変化のための動的様相演算子を用いているが，概して，認識様相
性はなく，多重エージェントでもなく，また，公開告知にはある
「計算可能」な変化もない．公開告知では，行為の記述によって
新しい情報状態を構成することができる．主に前述の実行/体系
アプローチを動機とした研究に [116] がある．この動的命題論理
および解釈系に関するアプローチでは，状態の間の遷移関係を前
提としていて，それを構築することはしない．

[38] にいくらか関連するアプローチとして [66] がある．それ
は，言語に動的様相演算子を定義するのではなく，そのような演
算子の解釈とあきらかに対応する認識状態の変換を定義するもの

である．$M * \varphi$ は，認識モデル M を論理式 φ で詳細化した結果である．この更新の意味論は，公開告知論理の近似でしかない．なぜなら，その演算子は，有限（の近似）モデルに対して定義されているだけだからである．

公開告知論理（および，そのほかの多くの動的認識論理）は，命題変数への一様代入則のもとで閉じていないため，**正規**様相論理ではない．たとえば，$[p]p$ は妥当であるが，$[p \wedge \neg K_a p](p \wedge \neg K_a p)$ は妥当ではない．共有知を含まない公開告知論理がコンパクトかつ強完全であることは，すでに [12] で示されていた．共有知を含む公開告知論理は，強完全でもなく，（共有知演算子の無限に根ざす性質によって）コンパクトでもない．これについても，[12] や，（共有知の見地からは）[44] などの関連する標準的な文献を参照のこと．

公開告知論理のすべての論理式は，認識論理のある論理式と同値であることはすでに示した．したがって，これらの論理の表現力は等しい．しかし，公開告知論理のほうが，より少ない記号で論理的性質を表現することができる．（論理式を記号列と考えて，単純に記号の数を数えることにする．）公開告知の論理式は，それと同値な認識論理の論理式と比べて指数関数的に短くすることができる．（双方の論理における論理式の無限列を比較することで，これをもっと正確に述べることができる．）これを，公開告知論理は，認識論理よりも**簡潔**であるという．この問題は，公開告知論理を特別な性質をもたないモデル上で解釈すること [67] や，ここで提示したような同値関係になる関係に対する論理 [29] として扱われている．

●不成功更新

不成功更新の歴史は，$p \wedge \neg K p$ のようなムーア文に始まる．正式に最初にこれに言及したのは，ジョージ・E・ムーアの『私の批判者への回答』で，その中でムーアは次のように書いている．

> 「先週の火曜日，私は映画を見に行ったが，私はそうしたとは信じていない」という発言は，それが主張していることは完全に論理的かもしれないが，まったく馬鹿げている．([71, p.543])

この考えのさらなる発展では，ムーア文がまず多重エージェントの視点から「p は真であるが，あなたはそれを信じていない」という形の告知で導入され，次に，動的変遷の視点から告知された後では信じることができない不成功更新として導入された．この主題に関して，重宝する参考文献一覧が [48] にある．

「不成功更新」という用語は，[38] により作られた．[39] も参照のこと．「不成功」という語は，信念改訂における**成功の公準** [3] に由来している．この公準は，新しい情報が，その結果となる情報状態において信じられることを要求している．すでにみてきたように，これは，動的認識論理においては望ましくない．成功論理式 φ を $[\varphi]\varphi$ が妥当であるような論理式と定義したのは，[106] である．そこでは，どのような論理式が成功論理式になるかについての部分的な結果も得られている．単一エージェントの場合の成功論理式の完全な特徴付けは，[49] で与えられた．多重エージェントの場合は，未解決である．

●行為モデル

行為モデルの枠組みは，[11] で展開された．その意味論の最終形が [9] である．その完全性の証明は，[110] で単純化された．動的命題論理を経由した完全性の証明を伴う，行為モデル論理におけるより一般的な設定は，[96] にある．認識行為をモデル化する別の枠組みについては，[38] および（S5 モデルに限定した）[97]，[98] がある．並列性を含む後者の変形は，[108] にある．

行為モデル論理における，構文と意味論の組み合わせ方は，す

べての研究者にとって満足のいくものではなく（行為モデルは，対象領域や到達可能関係をもつ，ほぼ意味論で扱う対象であるが，構文論における動的様相演算子のパラメーターとしての性質も併せ持つ），認識行為をモデル化する別のアプローチが時折出現する．そのようなアプローチとしては，[55] や [6] などの行為言語を含めた取扱いや，矢印更新の名で知られている取扱い [56] もある．このような別の方面からのアプローチは，（筆者らが知る限り）概して，研究者の間に浸透している行為モデル論理ほど表現力のある論理になってはいない．

ここでは動的認識論理の（充足性およびモデル検査に関する）計算量の問題を系統的に扱わなかった．（そのためには計算量クラスについてまず説明しなければならないことが，その理由の一つである．）これについては，たとえば，[67] や [7] を挙げておく．認識論理の計算量については，[45] を参照されたい．

●信念改訂と動的認識論理

信念改訂と様相論理の結びつき，すなわち，明示的な信念の様相性と論理的言語での信念変化の様相性は，**動的信念論理**として知られる一連の研究になった．これは，セガーバーグとその共同研究者らによって提案・研究された [83]，[62]，[82]．これらの研究は，知識と信念変化を組み合わせた動的論理の発展にも影響を与えた [33]，[14]，[15] などの様相論理における動的様相演算子を用いない信念改訂のほかのアプローチとは異なるものである．（[33] は時相認識論理の伝統を受け継いでいる．時相認識論理は，動的様相性に焦点を当てたこの歴史的概観では扱わない．）動的信念論理では，論理的言語に信念演算子が含まれており，信念改訂演算子は動的様相である．高階の信念の変化，すなわち，自分自身の信念についての信念の改訂，および，ほかのエージェントの信念や不知についての信念の改訂は，動的認識論理では問題が生じると考えられ

ている．[62] を参照のこと．

　動的認識論理における信念改訂は，[5]，[102]，[94]，[10] で始められた．この中で，[5] や [102] は，人工知能に関連する分野ではより一般的な信念の程度を含めた取扱いを提案した．また，[94] や [10] は，論理学により適したアプローチである条件付き信念を提案した．動的信念改訂に関して，たとえば，[41]，[65]，[23] など，さらに多くの研究が発表されている．

● **動的認識論理を越えて**

　動的認識論理の新たな発展も含めた近年の総括的研究は，[95] や [114] にある．

第1章のパズル

Puzzle 1

この問題では，3番目と4番目の発言
  アン「私はあなたの数が分かったわ」
  ビル「僕も君の数が分かったよ」
は，偽になる．そのかわりに，アンとビルは，もう一度ずつ相手の数が分からないと言わなければならない．
  アン「私はあなたの数が分からないわ」
  ビル「僕も君の数が分からないよ」
アンが，2度目にビルの数が分からないと言った後では，対 $(1,2)$ と $(2,3)$ を除外できる．ビルが，2度目にアンの数が分からないと言った後では，対 $(3,2)$ と $(4,3)$ を除外できる．その後で，アンとビルは，相手の数が分かったと正直に発言することができる．それゆえ，これらすべてを一つにまとめると，(最初の状況から始めて) 次のようになる．
  アン「私はあなたの数が分からないわ」
  ビル「僕も君の数が分からないよ」
  アン「私はあなたの数が分からないわ」
  ビル「僕も君の数が分からないよ」
  アン「私はあなたの数が分かったわ」
  ビル「僕も君の数が分かったよ」

Puzzle 2

自分自身の額に書かれた数を見ることはできない．しかし，話をしている相手の額に書かれた数は見ることができる．この謎解きのもともとの形では，相手の数は分からず，自分自身の数だけが分かっている．この変形では，自分自身の数は分からず，相手の数だけが分かっている．それ以外の違いはまったくない．したがって，二人の発言の後に残る数の対は，$(1,2)$ と $(2,3)$ ではなく，$(2,1)$ と $(3,2)$ になる．

Puzzle 3

二つの数の差が m であれば，数の対の無限に長い連鎖は，2本ではなく，$2m$ 本になる．$m = 2$ (二つの数の差が 2) の場合は，次のようになる．

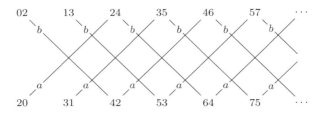

このようにして,数の対の無限に長い4本の連鎖が得られる.

　アン「私はあなたの数が分からないわ」

　ビル「僕も君の数が分からないよ」

という二人の発言の後にモデルに残る数の対のうち,アンにその数が分かるものは,$(2,4),(3,5),(4,6),(5,7)$ である.これらはすべて前述の図の上段にある.ここで,ビルの数が分かるとアンが言うならば,これら4通りの対はすべてモデルに残されたままで,それに続くアンの数が分かるというビルの発言でもこれは変わらない.これら4通りの対には,そのいずれであるかを決めるのを「楽しめる」ような共通した性質はない.二つの数の差が m であれば,相手の数が分からないという二人の発言の後に $2m$ 通りの対が残る.

Puzzle 4

　あなたの見ている二つの数の差が2であれば,あなたは自分の数がその二つの数の間になければならないと分かる.したがって,この場合には不確定性はない.あなたが見ている二つの数が連続していれば,あなたの数はその大きい方より1だけ大きいか,小さい方より1だけ小さいかのいずれかである.この問題の場合も,識別不可能性の関係により結ばれた数の三つ組からなる無限の連鎖のモデルが作られる.たとえば,三つの数が3, 4, 5だったとしよう.このとき,数の三つ組を結ぶ6本の無限の連鎖がある.そのうちの一つは次のようになる.

$$012 \text{ ---} a\text{--- } 312 \text{ ---} b\text{--- } 342 \text{ ---} c\text{--- } 345 \text{ ---} a\text{--- } 645 \text{ ---} b\text{--- } \cdots$$

　可能な数の三つ組による残りの5本の無限の連鎖は,それぞれ三つ組021, 201, 102, 120, 210 を根とする.アンが「私は自分の数が分からない」と言ったならば,このモデルから一度に数多くの不確実性が取り除かれる.その結

果は，次のようになる．

$$012 \text{---} a \text{---} 312 \qquad\qquad 345 \text{---} a \text{---} 645 \qquad\qquad \cdots$$

この図では，三つ組 $(3,4,2)$ が取り除かれている．この場合には，アンには 4 と 2 が見えていて，それゆえ，自分の数が 3 と分かるからである．アンが発言した後には，連鎖から無限に多くのこのような三つ組がこうして取り除かれる．アンが発言した後では，もはやビルとキャサリンにとって不確定なことはない．二人は，それぞれの数が何であっても，自分の数が分かる．また，これは共有知である．ほかの 5 本の三つ組の連鎖でも，同じことがいえる．それゆえ，ここでビルが「自分の数が分かった」と言ったとしても，そこから有効な情報は得られない．また，キャサリンが同じように言ったとしても，やはり，有効な情報は得られない．そして，アンが「自分の数が分からない」と言ったとしても，有効な情報は得られない．なぜなら，それはすでに共有知となっているからである．この問題では，それぞれの分かっていることや分かっていないことに関する発言から，有効な情報はもう得られないのである．この問題は，あまり面白みがない．

Puzzle 5

アンとビルのそれぞれに額に自然数が書かれていて，それらの和は 3 か 5 のいずれかである．ここから生じる不確定性の連鎖の一方は，次のようなものである．

$$(1,4) \text{---} b \text{---} (1,2) \text{---} a \text{---} (3,2) \text{---} b \text{---} (3,0) \text{---} a \text{---} (5,0)$$

ここで，連続する自然数の謎解きで額に数が書かれた二人には自分の数が分からない変形と同じような会話がなされている．このとき，次のような情報の遷移が生じる．最後の二つの発言には，有効な情報はない．もとになった問題 [20] では，アンが「私は自分の数が分かったわ」と発言した時点で会話は終了する．

- アン「私は自分の数が分からないわ」

$$(1,2) \text{---} a \text{---} (3,2) \text{---} b \text{---} (3,0) \text{---} a \text{---} (5,0)$$

- ビル「僕も自分の数が分からないよ」

$$(3,2) \mathrel{-\!\!-} b \mathrel{-\!\!-} (3,0)$$

- アン「私は自分の数が分かったわ」

$$(3,2) \mathrel{-\!\!-} b \mathrel{-\!\!-} (3,0)$$

- ビル「僕は自分の数が分からないよ」

$$(3,2) \mathrel{-\!\!-} b \mathrel{-\!\!-} (3,0)$$

もう一方の不確定性の連鎖は次のようになる.

$$(4,1) \mathrel{-\!\!-} a \mathrel{-\!\!-} (2,1) \mathrel{-\!\!-} b \mathrel{-\!\!-} (2,3) \mathrel{-\!\!-} a \mathrel{-\!\!-} (0,3) \mathrel{-\!\!-} b \mathrel{-\!\!-} (0,5)$$

これも同じように解析することができ,3番目の発言の後には $(2,1) - b - (2,3)$ が残る.

第2章のパズル

Puzzle 6

囚人は,金曜日に処刑されると演繹することができる.なぜなら,木曜日の夜には,囚人は,処刑は金曜日であり,その日でしかないことを知っているからである.そのほかの場合はすべて,いつ処刑されるかを囚人は確定できないままである.

Puzzle 7

リネケは,職員室で漏れ聞こえた会話から,試験が金曜日に行われないと推論できる.しかし,自転車置き場で漏れ聞こえた会話からは,リネケは,さらに試験が木曜日にも行われないと推論することができる.金曜日はすでに除外されているので,この時点では,試験を行うことのできる最後の日は木曜日である.したがって,この場合には,リネケは,水曜日に下校するときには試験が木曜日に行われると知っていて,それが予期できない試験でないことも知っている.先生が試験の日は予期できないと言い,試験は金曜日に行うことができないことをリネケが知っていることを前提とすると,木曜日にも試験を行うことはできない.これまでの問題と同じく,リネケはそのほかの日を除外することはできない.いうまでもなく,自転車置き場での発言によって,先生は生徒であるリネケを驚かせるのをみすみす逃してしまっ

たのかもしれない．

第3章のパズル

Puzzle 15

この場合も，初期の状況としてすべての可能性を考えよう．

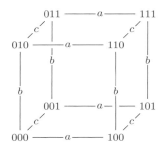

父親が3人の子供に少なくとも一人は泥んこであると言うと，ここまでの問題と同じように，000を除外することができる．ここで，子供たち全員が，同時に「それは分かっていたよ」と言う．すなわち，子供たちは，「もう分かる」と言うのではなく，過去形を使っている．これは，前述の図の（000を含む）初期状態において，真または偽であることを表している．

001の可能性を考えてみよう．キャロラインは，001と000を区別することはできない．キャロラインには二人の汚れていない子供が見える．それゆえ，キャロラインは，少なくとも一人の子供（彼女自身）が泥んこかどうかを知らない．それゆえ，キャロラインは，父親が少なくとも一人は泥んこであると言った後に，「それは分かっていたよ」と言えないだろう．100の場合のアリスや，010の場合のボブについても，同じ事が成り立つ．それゆえ，000がすでに取り除かれた状況において，「それは分かっていたよ」という子供たちの合唱の後では，可能性001, 010, 100もまた取り除くことができる．その結果は次の図のようになる．

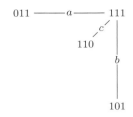

　この図は,父親が「今ここで手を叩く.そのとき,自分が泥んこかどうか分かっているならば,前に進み出るように」と言った結果でもある.もちろん,子供が「それは分かっていたよ」と言えない3通りの状況(001, 010, 100)では,自分が泥んこであると分かるので,すぐに前に進み出る状況である.

　この問題ではアリス,ボブ,キャロラインは全員が泥んこであるから,「それは分かっていたよ」と言ってから全員が前に進み出るまでに,父親は,パズル13のように3回ではなく,2回手を叩かねばならない.

Puzzle 16

　(1)　1回目に手が叩かれた時,アリスは,ほかに泥んこの子供がいたとしても,また彼女が最初は泥んこであったかどうかに関係なく,前に進み出る.これは問題にならない.アリスは,自分が汚れていないことを知っている.なぜなら,父親がタオルでアリスを拭いてくれたからである.アリスだけが泥んこだとしたら,2回目や3回目に手が叩かれた時に,ほかの子供たちは誰も前に進み出ない.これは奇妙に思える.アリスが父親に拭かれていなければ,アリスはいずれにしろ前に進み出ただろう.なぜなら,アリスは自分が泥んこだと分かっているからである.そして,ボブとキャロラインは,2回目に手が叩かれた時に,前に進み出ただろう.なぜなら,二人は自分が泥んこではないと分かったからである.しかし,実際には,アリスが前に進み出たのは,ボブやキャロラインが泥んこでないのを見たからではなく,父親に拭いてもらったからである.これでは,ボブとキャロラインには自分が泥んこかどうか分からないままである.それゆえ,二人は,2回目に手が叩かれた時にも前に進み出ず,3回目もまた前に進み出ない.

　(2)　アリスとボブだけが泥んこだとしたら,アリスは1回目に手が叩かれた時に前に進み出て,2回目と3回目に手が叩かれた時には何も起こらな

いだろう．ボブは泥んこであるのに，これは奇妙に思える．

ボブにはアリスが泥んこであるのが見えていて，父親の言葉から少なくとも一人の子供が泥んこであることを知っている．ボブは，自分が泥んこであるかどうか分からない．アリスが拭いてもらった時には，ボブはまだ自分が泥んこかどうか分からない．そして，父親が手を叩いた時に，アリスは前に進み出る．前の問題設定ならば，ボブは，このことからアリスに見えているのは汚れていない子供だけだと推論し，それゆえ自分は汚れていないにちがいないと推論できる．しかし，この問題では，ボブはそのように推論することはできない．それもそのはず，ボブは泥んこだからである．それゆえ，ボブは，2回目に手が叩かれた時も前に進み出ない．そして，さらに，3回目にも前に進み出ないだろう．（これは，アリスだけが泥んこである場合の状況に似ている．）

（3）ボブとキャロラインだけが泥んこだとしたら，二人は，2回目に手が叩かれた時に前に進み出るだろう．二人は，ともにアリスが最初からすでに汚れていないのが見えていて，父親によってアリスの汚れが落ちたのではないことも分かっている．二人は，自分たち自身が泥んこかどうかだけが分かっていない．最初に手が叩かれた時，アリスだけが前に進み出て，ボブもキャロラインも前に進み出はしない．キャロラインが前に進み出ないことから，ボブは自分が泥んこであることを知り，ボブが前に進み出ないことから，キャロラインは自分が泥んこであることを知る．それゆえ，二人は，2回目に手が叩かれた時に，ともに前に進み出る．

（4）3人全員が泥んこならば，この場合も1回目にアリスだけが前に進み出て，2回目と3回目に手が叩かれた時には何も起こらない．なぜこのようになるかを理解するのは少し難しい．最初に手が叩かれた時にアリスが前に進み出たことから，ボブとキャロラインに分かることは何もない．アリスだけが前に進み出るであろうことは，全員が知っている．なぜなら，最初に全員が二人の子供が泥んこであるのを見ているからである．アリスとボブだけが泥んこ，あるいはアリスとキャロラインだけが泥んこであれば，2回目に手が叩かれた時にこの泥んこの二人は前に進み出ないだろうが，今はその場合ではない．（アリスとキャロラインが泥んこの状況は，アリスとボブが泥んこの状況と同じである．2番目の場合を参照のこと．）3回目に手が叩かれた時に，ボブとキャロラインが前に進み出るためには，（アリスが顔を拭かれる前の状況で）110, 101, 011 が取り除かれていなければならない．しかし，除外されるのは 011 だけである．（三つ目の場合を参照のこと．）それゆ

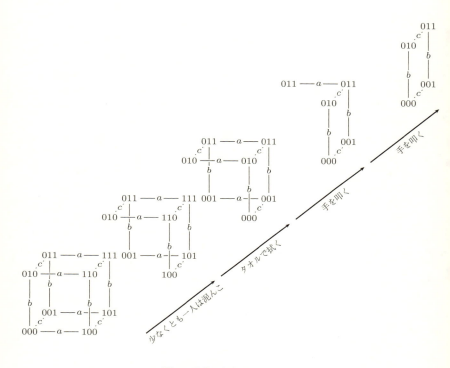

図 A 子供の顔をタオルで拭く

え,ボブとキャロラインは,自分が泥んこかどうか分からないままである.

これ以上の説明はしないが,図 A を見れば,このパズルの答えが見通しよくなるだろう.

Puzzle 17

アリスとボブは泥んこで,最初に手が叩かれた時,アリスは前に進み出る.

(1) ボブは,自分が泥んこでないと推論する.アリスが前に進み出た理由はアリスが泥んこの子供を見ていないからであり,それゆえ,アリスは自

分が泥んこであると推論した，とボブは信じる．しかし，ボブは間違っている．ボブは泥んこなのである．

（2） キャロラインは，アリスとボブが泥んこであるのを見ている．キャロラインは，自分自身が泥んこかどうかは分からない．それゆえ，2回目か3回目に手が叩かれた時にアリスやボブが前に進み出るかどうかもキャロラインには分からない．しかし，キャロラインは，1回目に手が叩かれた時に泥んこかどうかアリスには分かるはずがないことは，分かる．それゆえ，キャロラインは，アリスが嘘をついていることが分かる．あることが偽であると分かっているときに，それを真であると言うと，嘘をついていることになる．もちろん，実際には，アリスは自分が泥んこであるかどうか分かっているとは言っていないが，自分が泥んこであるかどうか分かっているかのように振る舞っている．アリスの振る舞いは，まさに嘘をついているのと同じとみなすことができる．

（3） アリスが次のように考えれば，前に進み出ることは嘘をついていることになると分かるだろう．アリスが嘘をついているとボブが知っているかどうかはアリスは分からない．なぜなら，アリスは，自分自身が泥んこかどうか分からないからである．しかし，アリスは，自分が嘘をついているとキャロラインが知っていることは分かる．なぜなら，アリスとキャロラインはともに，ボブが泥んこであるのを見ているからである．

3人全員が泥んこの場合は，アリスだけが前に進み出れば，ボブとキャロラインはアリスが嘘をついていると分かる．アリスが，自分のやろうとしていることについて考えたならば，アリスが嘘をついているとボブとキャロラインに分かるということも導き出せたであろう．

Puzzle 18

一列に並んで立つ前に，一番後ろの子供は，白い帽子が偶数個見えていれば「白」と言い，白い帽子が奇数個見えていれば「黒」と言うことを子供たちは合意しておく．一番後ろの子供をアリスと呼び，アリスの前には四つの黒い帽子と五つの白い帽子が見えているとしよう．アリスは，自分自身の帽子の色は分からない．事前に合意した取り決めに従って，アリスは，白い帽子が奇数個見えているので，「黒」と言う．アリスは，自分自身の帽子の色を正しく推測することができないから，この答えはあっているかも知れないし，間違っているかもしれない．しかし，この取り決めに従えば，残りの子供た

ち全員が自身の帽子の色を正しく言い当てることができるのである．

アリスの前に立っているのはボブだとしよう．ボブは，自分の前に五つの白い帽子が見えていれば，自分の帽子は黒だと分かり，「黒」と言う．あるいは，自分の前に四つの白い帽子が見えていれば，アリスが見ている五つの白い帽子のうちの一つはボブの帽子でなければならないので，ボブは自分の帽子は白だと分かり，「白」と言う．

残りの子供たちも全員が同じように推論することができ，自分の帽子の色を正しく言い当てることができる．

Puzzle 19

C の額には赤色の切手が貼られているとする．B と C の両方の額に赤色の切手が貼られている場合にだけ，A は自分の額に貼られていない切手の色が分かる．それゆえ，それは分からないと A が言ったことから，B は自分の額に貼られている切手が赤色でないことを知る．そこで，B が自分の額に貼られていない切手の色が分かるかと尋ねられたら，B は「私の額に貼られている切手は赤色ではない」と答えたであろう．しかし，B は，自分の額に絶対に貼られていない切手の色は分からないと言っている．それゆえ，C の額に貼られた切手は赤色ではありえない．C の額に黄色の切手が貼られていると仮定した場合にも，同様の論証を行うことができる．C の額に貼られている切手が赤色でも黄色でもないのであれば，C の額に貼られている切手は緑色でなければならない．

A と B による引き続く二つの答えがもたらす情報の帰結は，右ページのように図示される．右の情報状態では，C の額には緑色の切手しかありえない．（しかし，A と B の額に貼られた切手の色を導き出すことはできない．）三つ組によって名前のつけられた頂点は，A, B, C の順で額に貼られた切手の色を表す．たとえば，赤緑黄 は，A の額には赤色の切手，B の額には緑色の切手，C の額には黄色の切手が貼られていることを表す．図中では，被験者の名前として，大文字ではなく小文字 a, b, c を用いている．

第4章のパズル

Puzzle 22

1番の扉の向こう側に車がある確率は $1/1000$ である．それゆえ，それ以外の扉の向こう側に車がある確率は，もちろん，$999/1000$ である．選ぶ扉

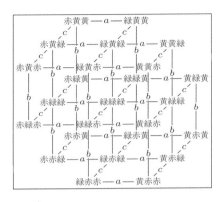

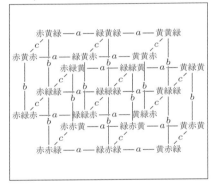

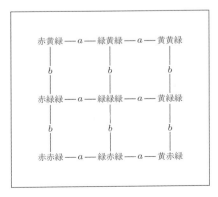

を必ず変更することにすると，前の問題と同じように，車を手に入れる確率は，$\frac{1}{1000} \cdot 0 + \frac{999}{1000} \cdot 1 = \frac{999}{1000}$ になる．司会者が二つの扉を除いて残りの扉をすべて開けた後では，車は 899 番の扉の向こう側にあるはずだということは元の問題よりずっと確実に思えるし，実際まさにそうである．しかし，この分析そのものは三つの扉の場合と同じである．

Puzzle 23

選ぶ扉を変更するのが合理的である．この場合には，車が 2 番の扉の向こう側にあることは確実である．車が 2 番の扉の向こう側にないとしたら，司会者は 3 番の扉ではなく 2 番の扉を開けていただろう．司会者は 3 番の扉を開けたのであるから，車は 2 番の扉の向こう側になければならない．

Puzzle 24

選ぶ扉を変更する合理的な理由はないが，不合理という訳でもない．3 番の扉が開けられたということで，その向こう側に車があるということは除外されるが，そこから有効な情報は得られない．そうなる理由をみてみよう．

この筋書きでは，司会者がどの扉を開けるかは，ある種の合図と考えることができる．すると，選ぶ扉を必ず変更するのと決して変更しない以外の戦略を利用することができる．なぜなら，どの扉が開けられたかによって，選ぶ扉を変更するかしないかを決定することができるからである．元々の筋書きでの論証は，この問題でも成り立つ．必ず変更するか，決して変更しないのであれば，車を獲得する確率はそれぞれ $\frac{2}{3}$ と $\frac{1}{3}$ になる．

司会者は 3 番の扉を開けることでどのような合図を送ったことになるのか．司会者はできるだけ多く歩こうとし，3 番の扉は司会者がもっとも遠くまで歩く扉だとしたとき，司会者は規則が許せば 3 番の扉を開ける．このため，この筋書きでは，司会者が 3 番の扉を開けることがあまり有効な情報にならないのである．

司会者が 2 番の扉を開けたならば，それは 3 番の扉の向こう側に車があるという意味にちがいない．（そうでなければ，司会者は 3 番の扉を開けていただろう．）したがって，司会者が 2 番の扉を開けたときには，必ず選ぶ扉を変更すべきである．そして，この場合には，車を獲得することが保証されている．それでは，司会者が 3 番の扉を開けたときにも，選ぶ扉を変更したと仮定しよう．これは，司会者がどの扉を開けたとしても，常に選ぶ扉を変更

することを意味する．選ぶ扉を常に変更するとその $\frac{2}{3}$ の場合で車を獲得することが分かっていて，3 番の扉の向こう側に車があって司会者が 2 番の扉を開けたとき（これは $\frac{1}{3}$ の場合に起きる）には，車を獲得できることが保証されているのだから，全体で車を獲得する確率が $\frac{2}{3}$ になるためには，司会者が 3 番の扉を開けたときに選ぶ扉を変更することで車を獲得する確率は $\frac{1}{2}$ となるしかない．これは，$\frac{1}{3} \cdot 1 + \frac{2}{3} \cdot \frac{1}{2} = \frac{2}{3}$ となるからである．

言い換えると，3 番の扉の向こう側に車があって 2 番の扉が開けられたならば（その確率は $\frac{1}{3}$）, 選ぶ扉を変更することで車を獲得する確率は 1 であり，したがって，選ぶ扉を変更しないことで車を獲得する確率は 0 である．一方，3 番の扉の向こう側に車はなく 3 番の扉が開けられたならば（その確率は $\frac{1}{3}$）, 選ぶ扉を変更することで車を獲得する確率は，すでに計算したように $\frac{1}{2}$ であるから，選ぶ扉を変更しないで車を獲得する確率は $\frac{1}{2}$ でなければならない．それゆえ，この場合には，選ぶ扉を変更することで車を獲得する確率は，選ぶ扉を変更しないで車を獲得する確率に等しい．

Puzzle 25

選ぶ扉を変更する合理的な理由はないが，不合理という訳でもない．2 番の扉の向こう側に車がある確率は $\frac{1}{2}$ で，1 番の扉の向こう側に車がある確率も $\frac{1}{2}$ である．本来の問題では，どちらのドアを開けるかは司会者の知識によって決まったのであった．しかし，この問題では，そうではない．故障によって，同じように 1 番の扉か 3 番の扉が開いてしまったら，その向こう側に車があったかもしれない．

この結果は，読者自身でも簡単に実験してみることができる．どちらのドアの向こう側に車があるのかを知らない誰かを選んで（たとえば，扉を選ぶ参加者自身でもよい）, その人にどれかのドアを開けてもらえばよいのである．

第5章のパズル

Puzzle 26

アリスが「私の手札は 012, 034, 056, 135, 146, 236, 245 のいずれかである」と言う.

ボブの手札が 345 であれば, ボブにはアリスの手札が分かる. なぜなら, 012 以外のいずれの選択肢にも 3 か 4 か 5 が含まれているからである. アリスとボブのそれ以外の可能な手札についても, 同じように計算をすることができる. 与えられたアリスの手札に対して, 残りの 4 枚から任意の 3 枚を選ぶ. このとき, 7 通りの選択肢のうち, その 3 枚のカードをどれも含まないのは一つだけである. 言い換えると, ボブは, どのような手札を持っていたとしても, アリスの発言に含まれる 7 通りの手札のうち, 一つを除いた残りの 6 通りを除外できるだろう. したがって, ボブにはアリスの手札が必ず分かる.

どのようなカードの配られ方に対しても, アリスが正直に発言したとしても, 言い換えると, キャスが実際に持っているカードが何であっても, キャスにはアリスの手札が一つも分からないし, ボブの手札も一つも分からない. これは次のように分かる.

キャスが 0 を持っているとしよう. このとき, 残されたアリスの手札の可能性は, 135, 146, 236, 245 である. 135 には 1 が含まれる. したがって, キャスはアリスが 1 を持っていると考えうる. また, 236 には 1 は含まれない. したがって, キャスはボブが 1 を持っているとも考えうる.

つぎに, キャスが 1 を持っているとしよう. このとき, 残されたアリスの手札の可能性は, 034, 056, 236, 245 である. . 034 には 0 が含まれる. したがって, キャスはアリスが 0 を持っていると考えうる. また, 236 には 0 は含まれない. したがって, キャスはボブが 0 を持っているとも考えうる.

キャスがそのほかのカードを持っていた場合も同様である.

……その後でボブは「キャスの手札は 6 である」と言う.

ボブの発言についての分析は, これまでの問題と同じである. 図式的に表す

と，アリスの発言の結果は

012.345.6	012.346.5	012.356.4	012.456.3			
034.125.6	034.126.5			034.156.2	034.256.1	
		056.123.4	056.124.3	056.134.2	056.234.1	
135.024.6		135.026.4		135.046.2		135.246.0
	146.023.5		146.025.3	146.035.2		146.235.0
	236.014.5	236.015.4			236.045.1	236.145.0
245.013.6			245.016.3		245.036.1	245.136.0

となり，それに続くボブの発言の結果は

012.345.6
034.125.6

135.024.6

245.013.6

となる．

Puzzle 27

アリスが自分の手札の和を 7 で割った余りを言い，その後でボブはキャスの手札を言う．

カードの配られ方が 012.345.6 である場合には，

アリスは「自分の手札の和は 7 で割って 3 余る」と言い，その後でボブは「キャスの手札は 6 である」と言う．

実際の手札 012 以外で，7 で割った余りが 3 になるのは，046, 145, 136, 235 である．このあとの扱いは，自分の手札は 012, 034, 056, 135, 246 のいずれかだと最初に発言する解と同じである．(同じ取り決めに従った別の発言にすぎない．) この「剰余」を用いた取り決めは，アリスの手札が何であっても，常に解を与える．発言に含まれる手札の並びは次のようになる．

剰余	発言
0	034, 025, 016, 124, 356
1	026, 035, 125, 134, 456
2	036, 045, 126, 135, 234
3	012, 046, 145, 136, 235
4	013, 056, 146, 236, 245
5	014, 023, 156, 246, 345
6	015, 024, 123, 256, 346

（この問題においてアリスが発言した）012, 046, 145, 136, 235 と，（もとの問題においてアリスが発言した）012, 034, 056, 135, 246 がそれほど違わないことを理解するには，置換 (1024563) が前者を後者に移すことに注意すればよい．（置換は，集合からそれ自身への全単射関数と考えることができる．前述の表記は，0123456 を（その順で）1024563 に移す関数，すなわち，$f(0) = 0$, $f(1) = 0$, $f(2) = 2$, $\cdots$ となる関数 f の省略表記である．）

Puzzle 28

キャスには，アリスやボブの手札の一部を知られてもよいが，二人の手札すべてを知られてはいけない．そのような発言として，たとえば，次のものがある．

アリスが「私の手札は 012, 034, 056 のいずれかである」と言う．

この発言の後では，アリスの手札に 0 があることや，ボブがアリスの手札を知っていることは共有知である．そして，今回も，ボブはキャスの手札を言えばよい．

Puzzle 29

アリス，ボブ，キャスはそれぞれ 4 枚，7 枚，2 枚の手札を持っている．実際のカードの配られ方は 0123.456789A.BC である．この解は，$13 = 3^2 + 3 + 1$ 点からなる射影平面の直線として知られている．（ロシア式カード問題の 7 通りの手札を発言する解は，$7 = 2^2 + 2 + 1$ 点の射影平面の直線としても知られている．）解は，アリスが，自分の手札は次の 13 通りの四つ組のうちの一つであると発言するというものである．13 個の中から 2 個を選ぶ組み合わせの数である 78 通りのそれぞれの数の対が，次の答えの中に 1 度だ

け現れることを確認せよ．

```
0123    147A    248C    349B
0456    158B    259A    357C
0789    169C    267B    368A
0ABC
```

この答えがどのようにして得られたかをきちんと示すことはしないが，次のような説明はその助けにはなるだろう．アリスの実際の手札が0123だとすると，残りの9枚のカードをすべて使い，**3通りの0を含む手札**を発言に含める．そして，また，3通りの1を含む手札を発言に含めるが，そのとき，その一つの手札は，最初につけ加えた3通りの手札それぞれから1枚ずつ選び，残りの2通りの手札も，最初の3通りの手札から一つ目の手札とは異なるカードを1枚ずつ選ぶ．（ただし，同じ数の対が四つ組の中に2回以上現れないようにする．）そして，これと同じ事を，2と3についても行う．

これで，ボブは，次のようにアリスの手札が分かる．ボブの7枚の手札は456789Aである．アリスの発言に含まれる手札は，012を除きいずれもボブの7枚の手札のいずれかを含む．したがって，ボブには，アリスの手札が分かる．これは，アリスの発言に含まれるどの手札がアリスの実際の手札であっても，そしてボブの手札が何であっても，成り立つ．（この発言に現れる手札は，非常に対称的である．）これは，背理法を使って示すこともできる．ボブが，アリスの発言から，アリスの手札は分からなかったと仮定しよう．このとき，ボブは，キャスの手札として少なくとも $(6-(2+2)=)\ 2$ 通りの可能性を考えて，少なくとも2通りのカードの配られ方の可能性を考えたであろう．ボブの7枚の手札のほかには6枚のカードがあるから，その2通り（以上）のアリスの手札4枚の中には少なくとも同じカードが2枚ある．しかし，アリスの発言には，同じカードの対はそれぞれ1回だけしか現れない．したがって，このようなことは起こり得ない．

Puzzle 30

アリス，ボブ，キャスはそれぞれ2枚，3枚，4枚のカードを持っている．そして，立ち聞きをしているイブはカードを持っていない．実際のカードの配られ方は01,234,5678であったとしよう．アリスは，自分の手札にない数をどれでも一つ選んで，自分の手札はその数を含めた三つの数の中にあると

言う．たとえば，次のような発言である．

　　　アリスは，「私の手札は，0, 1, 5 の中の 2 枚だ」と言う．

この追加された数のカードを持っているプレーヤーは，今の場合にはキャスであるが，これでカードの配られ方が分かる．今度はそのプレーヤーが次の発言をする．この時点で，この 3 枚がどれも手札にないボブには，3 通りのカードの配られ方，具体的には 01.234.5678, 05.234.1678, 15.234.0678 のどれかは確定できない．もちろん，アリスも，彼女の発言前と変わらず，配られ方は分からない．ここで，次のキャスの発言によって，アリスとボブにとっての不確定性を解消する．

　　　キャスは，「カードの配られ方は，01.234.5678, 05.467.1238, 15.678.0234 のうちのいずれかである」と言う．

この 3 通りのカードの配られ方に関するこの発言の背後にある取り決めには，次の三つの条件が課されている．（ⅰ）この 3 通りの配られ方でのアリスの手札はそれぞれ 01, 05, 15 である．（これで，カードの配られ方がアリスには分かることが保証される．）（ⅱ）アリスの手札が 01 である配られ方が実際の配られ方であり，それはボブの手札が 234 になる唯一の配られ方である．（これで，カードの配られ方がボブには分かることが保証される．）（ⅲ）この 3 通りの配られ方のキャスの手札には 0, 1, 5 のうちの一つが含まれ，そのほかのカードで，3 通りの配られ方すべてのボブの手札，または 3 通りの配られ方すべてのキャスの手札に現れるものはない．（これで，3 人の手札がイブには分からないことが保証される．）

　これで，この謎解きは解かれた．イブは，どのカードが誰の手札にあるのかまったく分からないままである．0 はアリスが持っているかもしれないし，キャスが持っているかもしれない．1 はアリスが持っているかもしれないし，キャスが持っているかもしれない．2 はボブが持っているかもしれないし，キャスが持っているかもしれない．これが同じように 8 まで続く．イブは，アリスの手札に 2 がない（3 もない，……）ことは分かるが，そのアリスが持っていないカードの持ち主を名指しできない．

第6章のパズル

Puzzle 31

額の数として 0 も許すことにすると，見えている数の一方が 0 であれば，自分の数が分かる．この場合，自分の数は見えているもう一方の数に等しいからである．たとえば，アリスにボブの額の 0 とキャスの額の 3 が見えているとしよう．このとき，アリスは，自分の額にも 3 と書かれていると推論することができる．もちろん，キャスもアリスと同じ結論に達するが，ボブだけは二つの 3 を見ていて，自分の数を確定できない．ボブには，自分の数が 0 なのか，それとも 6 なのかが分からない，すなわち，ボブは三つ組 $(3,0,3)$ と $(3,6,3)$ を区別することができない．この不確定性を表現する木構造でいえば，単に根から枝を 1 本延ばしただけである．この例を続ければ，元の問題で 121 を根とする木構造に頂点 101 を追加し，b をラベルとする辺で 101 と 121 を結んだものになる．ボブには，101 と 121 を区別できないのである．

3 人の発言を合わせた情報にもとづく結果として，根がそれぞれ $(1,1,0), (1,0,1), (0,1,1)$ の木構造は図 B のようになる．3 人の発言の後では，アリスは自分の数が状況 $(2,1,1), (5,2,3), (3,2,1), (3,1,2)$ のうちのいずれかであると分かっている．ここで，アリスが自分の数は 50 だと言うのだから，あとの二つの数は 20 と 30 か，25 と 25 でなければならない．問題解答者である読者には，この 2 通りのどちらであるかを決めることはできない．（もちろん，アリスにはそのどちらであるかが分かっている．なぜなら，アリスにはほかの二人が見えているからである．）この問題は，ここまでしか解くことができない．

Puzzle 32

3 人の数に上限が決められているとしよう．たとえば，三つの数はいずれも 10 以下であるとする．すると，見ている二つの数の和が 10 よりも大きいならば，自分の数も分かる．たとえば，三つ組が $(2,5,7)$ だとすると，アリスは自分の数が 2 だと分かる．アリスは，5 と 7 を見ていて，その和は 12 になる．しかし，12 は除外される．それゆえ，アリスの数は 5 と 7 の差の 2 になる．

図 C は，数の上限を 10 とした場合の木構造と，この構造で自分の数は分からないと 3 人が発言した結果である．数の三つ組の成分の区切り文字とし

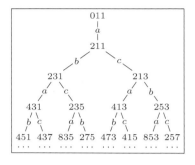
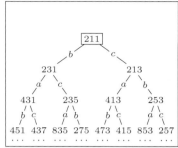
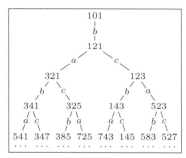
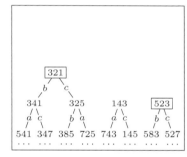
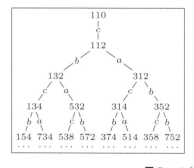
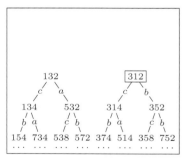

図 B パズル 31 の解答

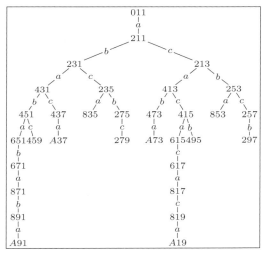

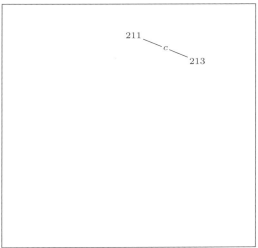

図 C

てコンマを使わないので，曖昧にならないように 10 という数は A で表す．3 人の発言の後では，三つ組 $(2,1,1)$ と $(2,1,3)$ だけが残っていることが分かる．このどちらの場合も，アリスは自分の数が 2 であると分かるだろう．さらに，この時点で，ボブも自分の数が 1 であると分かるだろう．キャスだけが自分の数が分からないままである．

上限を設けると，状況は別の方向に一層複雑になる．なぜなら，三つ組のすべての成分がある数の倍数になっている木構造をすべて同じに扱えなくなってしまうからである．そのような「倍数の木構造」は，すべて個別に調べなければならない．$(0,2,2)$ をはじめとする $(0,1,1)$ の各成分に 2 以上の整数を乗じた三つ組を根とする木構造には何も残らない．たとえば，$(0,5,5)$ を根とする木構造であれば，考えうるのは $(10,5,5)$ だけである．しかし，ボブが自分の数は分からないと言うことから，これらの三つ組は除外される．(いいかえると，これらの場合には，ボブは，そのように発言することはできない．) 根が $(0,6,6)$ であれば，自分の数が分からないとアリスが最初に発言することもできない．三つの数の公約数がこれよりも大きい場合はすべて同じである．根が $(1,0,1)$ や $(1,1,0)$ の木構造も，自分の数が分からないという (多くとも) 3 人の発言の後では，全部が除外されていて，それらに残された三つ組はない．そして，残された三つ組は $(0,0,0)$ だけである．しかし，この場合には 3 人全員が自分の数を分かるので，自分の数が分からないという偽な発言は誰にもできない．したがって，$(0,0,0)$ も除外される．

それゆえ，上限を 10 にすると，自分の数が分からないという 3 人の発言がなされた後では，実際の状況がどうであろうと，アリスには常に自分の数が分かる．

もう少し計算を進めると，max を上限とするとき，$8 \leq \max \leq 13$ であれば，自分の数が分からないという 3 人の発言の後では，アリスには**常**に自分の数が分かることが示せる．上限が 7 であれば，3 人ともが自分の数が分からないという発言は誰にとっても偽になり，そう発言できない．一方，上限が 14 であれば，自分の数が分からないという 3 人の発言の後も，アリスには自分の数が分からないような三つ組が残る．

パズルの解答

第7章のパズル

Puzzle 35

この変形での3番目の発言は,もとの和と積の謎解きの3番目の発言と反対になっている.残った10本の等和線に関して,もとの問題では除外した数の対を残し,残した数の対を除外することになる.すなわち,ほかの9本の等和線の一つの上にある対と積が等しいような「開」対を残す.これも,Sにとって有効な情報である.和が11であれば,3通りの対(具体的には,$(2,9), (3,8), (4,7)$)ではその数の対がPには分かり,ただ一つの数の対($(5,6)$)ではその数の対がPには分からない.ほかの9通りの和についても,Pにはそれが分からない数の対がいくつか残る.(確認してみてほしい.) たとえば,和が17であれば,$(4,13)$を除くすべての数の対が残る.図式的に表せば,次のような情報の遷移になる.

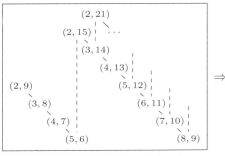 ⇒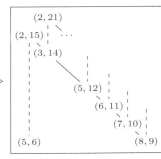

4番目の発言では,Sが「今,私には,二つの数が分かった」と言う.それゆえ,数の対は$(5,6)$でなければならない.Pが「今,私には,二つの数が分かった」と言う最後の発言は正しいが,なにも有効な情報を含まない.このことはすでにSとPの共有知だからである.

Puzzle 36

発言の結果として得られるモデルは次のようになる.

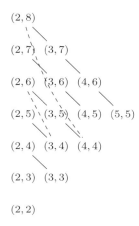

P が発言した後では，$(2,6)$ と $(3,4)$ だけでなく，$(4,4)$ と $(2,8)$ を加えた 4 通りの数の対が残る．ここで S が「今，私には，二つの数が分かった」と言うのだから，対は $(3,4)$ か $(2,8)$ でなければならず，したがって，パズル 33 の 3 番目の発言とは異なり，つぎに P も「私も二つの数が分かった」と言うことができる．

Puzzle 37

x が y と等しくてもよいならば，和が偶数になる多くの数の対が追加されることになるだろう．ここで，再び，ゴールドバッハ予想を使う．

　　　2 よりも大きいすべての偶数は，二つの素数の和になる．

これは，偶数であるすべての和に対して，二つの数が P に分かるかどうかは S には分からないことを意味する．なぜなら，それらの数がともに素数でありうるからである．

　$(x+x \leqq 100$ であるから) $x \leqq 50$ である対 (x,x) すべてをモデルに追加した上で，分析を進める．
- x が素数でなければ，(x,x) は，z と w が素数であるほかの対 (z,w) と和が等しい（ゴールドバッハ予想）．したがって，これは 2 番目の発言の際に取り除かれる．

- x が素数であれば,「P には二つの数が分からないことを,S は分かっている」という発言を処理する際に,原理的には違いが生じうる.これらすべてを別個の場合として考える.
- $x = 2$ または $x = 3$ の場合は,パズル 36 で扱った.これらの場合には,モデルに不確定性が追加されることはない.いずれの場合も,P はすでに二つの数が分かっている.(したがって,2 番目の発言の際に取り除かれることになる.)
- $x > 3$ の場合は,和が $2x$ になる少なくとも二通りの素数の対が常にある.(ここでは証明しない.) もう一方の対を (z, w) と呼ぶことにすると,この対は,すでに二つの数が等しくないモデルに含まれている.「P には二つの数が分からないことを,S は分かっている」という発言において,そのような対 (x, x) と (z, w) は同時に取り除かれることになるだろう.(もとの問題では (z, w) だけが取り除かれた.)

こうして,2 番目の発言の後には,この変形は,もとの問題の同じモデルになる.

第 8 章のパズル

Puzzle 38

あなたは,確実にもう一方の封筒と取り替えたほうがよい.なぜなら,この場合には,期待値が大きくなるという論証は妥当だからである.それは,どのようにして確率分布が作られているかが分かっているからである.

第 9 章のパズル

Puzzle 39

これは,取り決め 4 を修正して使うことができる.その修正は,電球の初期状態の不確定性をなくすものなのだが,アンの集計には影響せず,集計係以外全員にあてはまるようなものにする.その解は次のようになる.

> **取り決め 11** 囚人たちは,その中の一人を集計係に指名する.集計係以外のすべての囚人たちは次のように振る舞う.電球が消えている取調べ室に入る最初の 2 回は,点灯させる.それ以外の場合は,何もしない.集計係は次のように振る舞う.集計係が取調べ室に入るとき

に電球が消えていれば，何もしない．一方，取調べ室に入るときに電球が点いていれば，消灯させる．消灯させるのが 198 回目であれば，集計係はすべての囚人が取調べを受けたと（正しく）宣言する．

囚人が n 人の場合には，集計係は消灯させた回数を $2n - 2$ 回まで数える．この取り決め 11 がうまくいく理由を，囚人が 3 人の場合で説明する．このとき，集計係は，消灯させた回数を 4 回まで数える．

初期状態で電球が点いていた場合は，これを 1 回と数える．ここで，ボブかキャロラインのいずれか，たとえば，ボブがすでに 2 回点灯させていたとすると，これを 2 回と数える．そして，キャロラインはまだ 1 回しか点灯させていないとすると，これを 1 回と数える．これらを合わせると必要な 4 回になる．しかし，初期状態で電球が消えていた場合は，ボブとキャロラインはともに 2 回ずつ点灯させなければならず，これを合計して 4 回になる．

この取り決めでは，集計係は，まだ 2 回点灯させていない最後の集計係でない囚人が 2 回目に点灯させるのを常に待つ必要はない．

Puzzle 40

取り決め 5 に従って，集計係よりも前に，全員が取調べを受けたと（正しく）宣言する集計係以外の囚人を**幸運**と呼ぶことする．ボブが幸運になるには 2 通りのやり方がある．

（1）キャロラインの最初の取調べよりも**前**にボブは最初の取調べを受け（ボブが点灯させる），そして，アンがキャロラインよりも**前**に取調べを受ける（アンが消灯させる）ならば，ボブは再びキャロラインよりも前に取調べを受ける．そして，その後，キャロラインが（初めて）取調べを受けた（消えている電球を，キャロラインが点灯させる）後に，ボブがアンよりも前に取調べを受ける．このとき，ボブは，全員が取調べを受けたと宣言する．

（2）キャロラインの最初の取調べがボブの最初の取調べよりも**前**（キャロラインが点灯させる）ならば，ボブはアンよりも前に取調べを受ける．（アンが取調べを受けて消灯させた後の）どこかの段階で，ボブは再び電球が消えているときに取調べを受ける．ボブは，集計係以外の役割によって点灯させて，同時に全員が取調べを受けたと宣言する．

キャロラインが幸運になる場合も，これと同様である．単にボブとキャロラインの役割を入れ換えればよいだけである．

無作為に取調べの順序が決められるという前提のもとで，この二つの場合の太字で**前**と記した箇所すべてにおいて，この二人の囚人の一人がもう一人よりも先に取調べを受ける確率は相等しい．たとえば，最初の分岐において，ボブがキャロラインより前に取調べを受ける確率は $\frac{1}{2}$ である．そして一つ目の場合には，このように分岐する時点が 4 回あるので，この事象が起こる確率は $\frac{1}{2} \cdot \frac{1}{2} \cdot \frac{1}{2} \cdot \frac{1}{2} = \frac{1}{16}$ である．二つ目の場合には，分岐する時点は 2 回なので，これが起きる確率は $\frac{1}{4}$ である．これらを足し合わせると $\frac{5}{16}$ になる．これが，ボブが幸運になる確率である．これに，これと等しい，キャロラインが幸運になる確率を加えなければならない．そうすると，集計係以外が幸運になる，すなわち，全員が取調べを受けたとアンよりも前にボブかキャロラインが宣言する確率は $\frac{5}{8}$（すなわち 62.5%）になる．

　n が 3 より大きくなると，集計係以外の囚人が幸運になることは急速にまれになる．囚人が 100 人の場合には，集計係以外の囚人が幸運になる確率は，$5.63 \cdot 10^{-72}$ よりも小さい．

Puzzle 41

　4 人の囚人はアン，ボブ，キャロライン，ディックで，確率は $\Pr(0) = \Pr(1) = 1, \Pr(2) = 0.5, \Pr(3) = \Pr(4) = 0$ である．事前に交した取り決めがどのように機能しているかを説明するために，それに従って実行される様子を表す列の記法をさらに詳しいものにし，それに注釈をつける．下つき添字は，その添字の前にある名前の囚人が取り決め 6 に従った行為を行った後の持ち点を表す．これは，これまでの問題で，集計係がすでに数えた囚人の数を表していた下つき添字と少し似ている．その違いは，この問題では集計係は自分自身も含めて数えているので，取り決めに従った行為が完了する時点では，これまでの問題よりも 1 だけ大きくなっていることだ．上つき添字は，これまでの問題と同じように，電球の状態を表す．囚人たちの行為は，取調べ室に入ったときの持ち点と電球の状態に依存していることを思い出そう．得点した囚人の名前は太字で表記し，失点した囚人の名前は太字にしない．$m = 2$ のときは $\Pr(2) = 0.5$ なので，囚人は硬貨を投げて，表が出れば失点し，裏が出れば得点することにする．

$$^0\mathsf{A}^1_0 \mathsf{B}^1_1 \mathsf{C}^0_2 \mathsf{D}^1_0 \mathsf{B}^0_2 \mathsf{C}^0_2 \mathsf{C}^1_1 \mathsf{B}^0_3 \mathsf{C}^1_0 \mathsf{B}^0_4$$

アンが最初に取調室に入り，点灯させる（失点する）．それから，ボブが取調室に入り，硬貨を投げて表が出たので，消灯させない（得点しない）．それから，キャロラインが取調室に入り，硬貨を投げて裏が出たので，消灯させる．それからディックが，点灯させる．そして，ボブが再び取調室に入り，今度は消灯させて，2 点になる．その次のキャロラインの取調べでは点灯させない（硬貨の裏が出て，失点しない）が，引き続く取調べでは，点灯させて（硬貨の表が出て，失点する），その後に続くボブが得点することになる．重要なのは，この時点で，ボブが「集計係」に指名されたことである．$\Pr(3) = \Pr(4) = 0$ なので，この後，取り決めに従った行為が完了するまで，ボブは失点することはなく，ただ得点するのみである．アンとディックは，すでに何の役割も担っていない．いったん，はじめに持っていた 1 点を失うと，その後の取調べで電球が点いていても消えていても関係がない．$\Pr(0) = \Pr(1) = 1$ であり，すでに述べたように，失点して残った点がなければ，何もできなくなることを意味する．そして，取り決めに従うと，キャロラインがもう一点を失い，ボブが最後に得点して，完了する．

$\Pr(2) = 0$ であってはならないことを理解するのは重要である．なぜなら，もしそうだとすると，二人の囚人が「得点し続ける」ところに達するような状況になりえて，そうすると取り決めに従うかぎりはけっして完了しないからである．この状況は，上記の取調べの順序で，9 番目の取調べの後に生じる．この時点で，ボブとキャロラインはともに 2 点を獲得している．また，$\Pr(2) = 1$ であってもならない．なぜなら，どの囚人も決して 2 点より多くを獲得できなくなってしまい，この場合も取り決めに従うかぎりは完了しないからである．確率がこの取り決めにおいて本質的な役割を演じているのである．

Puzzle 42

まず，集計係以外の囚人が取調べを受け，点灯させなければならない．これが起きる確率は 99/100 である．それから，集計係が取調べを受けて，再び消灯させなければならない．これが起きる確率は 1/100 である．そのあと，また点灯させていない集計係以外の囚人が取調べを受け，点灯させなければならない．この確率は 98/100 である．その後で再び集計係が取調べを受ける確率は常に同じで 1/100 である．これが，ずっと続く．一日にある事象が起きる確率が p ならば，その事象が起きるまでの日数の期待値は $1/p$ である．それゆえ，最初の集計係以外の囚人が取調べを受けるまでの日数の期

待値は 100/99，これはほぼ 1 日である．その後で集計係が取調べを受けるまでの日数の期待値は 100/1，すなわち 100 日というようになる．したがって，全員が取調べを受けたと集計係が宣言できるまでの平均日数は，

$$\frac{100}{99} + 100 + \frac{100}{98} + 100 + \cdots + \frac{100}{2} + 100 + \frac{100}{1} + 100$$

になる．この部分式 $\frac{100}{99} + \frac{100}{98} + \cdots + \frac{100}{2} + \frac{100}{1}$ はおおよそ 518 日になり，残りは 100 日が 99 回なので 9900 日である．これらを足し合わせると，10418 日になり，これは約 28.5 年である．あなたが投獄されているとしたら，釈放される（かもしれない）のを待つには長すぎる時間である．

第 10 章のパズル

Puzzle 43

すべての秘密が全員に伝わるための電話の最大数は，n 個の要素をもつ集合から二つの要素を選ぶ場合の数 $_n\mathrm{C}_2 = \frac{n(n-1)}{2}$ である．これは，n 人の友人の間の相異なる電話の仕方の総数でもある．6 人の友人 a, b, c, d, e, f に対して，次のように電話をすると，すべての電話で少なくとも一方の友人は少なくとも一つの秘密を知ることになる．簡単のために，電話をする順序は辞書式順序に並べた．

$$ab; ac; ad; ae; af; bc; bd; be; bf; cd; ce; cf; de; df; ef$$

友人が 4 人の場合は

$$ab; ac; ad; bc; bd; cd$$

となる．この 4 人の間で，秘密がどのように伝わるかを具体的に示す．

	a	b	c	d
	A	B	C	D
ab	AB	AB	C	D
ac	ABC	AB	ABC	D
ad	$ABCD$	AB	ABC	$ABCD$
bc	$ABCD$	ABC	ABC	$ABCD$
bd	$ABCD$	$ABCD$	ABC	$ABCD$
cd	$ABCD$	$ABCD$	$ABCD$	$ABCD$

Puzzle 44

友人が3人の場合，取り決め10での電話の回数の期待値は3である．これは，簡単である．なぜなら，どのように取り決め10に従って電話をしても，長さは3になるからである．

友人が4人の場合，取り決め10での電話の回数の期待値は5よりも大きい．これは，長さが4の電話のしかたの数と，長さが6の電話のしかたの数を比べてみると分かる．（長さが5の電話のしかたの数は，もっとたくさんあるが，計算するのはかなり難しい．しかし，この問題の答えを得るためには，その計算は必要ない．）長さが4の電話のしかたよりも長さが6の電話のしかたのほうが数が多いことから，電話の回数の期待値は5よりも大きいといえる．以降では，一般性を失うことなく，最初の電話は ab と仮定してよい．

長さが4の典型的な電話のしかたとして $ab; cd; ac; bd$ がある．2番目の電話は，cd でなければ，ありうるのは dc（だけ）である．（2通りのうちのいずれかとつ．）3番目の電話は，1番目の電話をした一方と2番目の電話をした一方が電話をするので，そのほかの選択肢としては，$ca, ad, da, bc, cb, bd, db$ がある．（8通りのうちのいずれかひとつ．）そして，最後の電話は，3番目の電話をしていない友人どうしによる電話であるから，ほかの選択肢は db だけである．（2通りのうちのいずれかひとつ．）それゆえ，1番目の電話が ab である遂行は32通りある．

6が最大長であることを証明するのに用いた電話のしかたは，$ab; ac; ad; bc; bd; cd$ である．（長さが6になる電話のしかたはこれだけではない．$ab; ac; bc; ad; bd; cd$ も，長さが6である．しかし，ここではこれは必要ない．）2番目の電話としては，$ac, ca, ad, da, bc, cb, bd, db$ という8通りの選択肢がある．3番目の電話には2通りの選択肢しかない．それは，最初の2回の電話の両方に関わる唯一の人が，まだ一度も電話に関わっていない唯一の友人に電話をするか，その逆のいずれかである．4番目の電話は，b から c への電話しかない．なぜなら，c はすでに B を知っているからである．5番目と6番目の電話は，どちらからどちらに電話を掛けるかで，それぞれ2通りある．（たとえば，3番目の電話が ad であれば，4番目の電話は，3番目の電話に関わらなかった友人どうしになるので，bc か cb のいずれかである．）これで，ab で始まる長さが6の電話のしかたはすでに64通りあり，ab で始まる長さが4の32通りの電話のしかたを上回っている．そして，そのような長さが6の電話のしかたは，すでに述べたようにもっとある．

それゆえ，取り決め10に従った長さが5の電話のしかたが何通りあると

しても，取り決め 10 に従った電話のしかたによる電話の回数の平均は，厳密に 5 よりも大きくなければならない．

Puzzle 45

電話をする順序は $ab; cd; ac; bd$ である．アマルとチャンドラは最後の電話には関わっていない．この 4 番目の電話の後には全員がすべての秘密を知っていることを，この二人は知らない．3 番目までの電話 $ab; cd; ac$ の後，この取り決めに従えば，bd, bc, db, da のいずれかの電話が可能である．電話 bd と db は，情報として同じ効果が得られるので，同一視することができる．アマルとチャンドラはすでにすべての秘密を知っている．したがって，電話を掛けることはない．つまり，電話を掛けることができるのは，バーラトかデヴィだけである．二人はともにまだ二つの秘密を知らないが，その秘密は同じではない．この四つの可能性があるとした場合，アマルは 4 番目の電話は bc である可能性を考えうるし，チャンドラは 4 番目の電話は（da, すなわち）ad である可能性を考えうる．4 番目の電話が bc であったとしたら，その電話の後には，アマル，バーラト，チャンドラはすべての秘密を知っていて，デヴィだけがその次の電話を掛けられるだろう．デヴィは，アマル，バーラト，チャンドラのうちの誰に電話をしてもよく，これで全員がすべての秘密を知ることになる．4 番目の電話が ad であったとしたら，バーラトからの 5 番目の電話によって，この取り決めに従った一連の電話は必然的に完了することになっただろう．いずれにしろ，最大値の 6 回には達しない．アマルとチャンドラは，このことを明らかに知っている．しかし，バーラトとデヴィもまたこの結論に達することができる．なぜなら，同様の論証によって，二人は，3 番目の電話はアマルとチャンドラの間でなされたに違いないと推論することができるからである．

これで共有知となったかどうかについては，まだ少し曖昧さが残る．しかし，（この取り決めが共有知であるという前提の元で）もう 10 分経過すれば，それは確かに共有知になる．

Puzzle 46

ab と cd とが交互に無限に繰り返す $ab; cd; ab; cd; \cdots$ という電話の順序を考えてみよう．3 番目の a から b への電話は，取り決めに従ったものである．なぜなら，a は，2 番目の電話に b が関わっているかもしれないと考えるか

らである．また，4番目の c から d への電話も，取り決めに従ったものである．なぜなら，c は，3番目の電話に d が関わっているかもしれないと考えるからである．これがずっと続く．

Puzzle 47

$n = 2^m$ 人の友人がいるとする．その n 人の名前を $1, \cdots, n$ とする．2^m を法として数を数える．最初のラウンドは，2^{m-1} 本の電話が並行してかけられる．それは，$i = 1$ から $i = 2^{m-1}$ までのそれぞれの友人 $2i - 1$ (これは $2i + 2^1 - 2$ である) が隣の $2i$ に（同時に）する電話である．2回目のラウンドも，2^{m-1} 本の電話が並行してかけられる．しかし，電話をする相手は，最初のラウンドで電話をした相手とはことなる．それを実現する一つの方法は，それぞれの友人 $2i-1$ は友人 $2i+2$（すなわち，$2i + 2^2 - 2$）に（同時に）電話をするというものである．（そして，誰も電話をする相手がぶつかることはない．）これを m 回繰り返して，m 回目のラウンドでは，それぞれの友人 $2i-1$ は，友人 $2i + 2^m - 2$ に（同時に）電話をする．たとえば，8人の友人 a, b, c, d, e, f, g, h（すなわち，$1, 2, \cdots, 8$）の場合，3回のラウンドは $\{ab, ed, ef, gh\}$; $\{ae, bd, eg, jh\}$; $\{ae, bf, eg, dh\}$ となる．このときの秘密の伝わり方は次のようになる．

	a	b	c	d	e	f	g	h
	A	B	C	D	E	F	G	H
i	AB	AB	CD	CD	EF	EF	GH	GH
ii	$ABCD$	$ABCD$	$ABCD$	$ABCD$	$EFGH$	$EFGH$	$EFGH$	$EFGH$
iii	$ABCDEFGH$	$\cdots$	$\cdots$	$\cdots$	$\cdots$	$\cdots$	$\cdots$	$\cdots$

Puzzle 48

5人の友人がいるとする．4ラウンドでの並行する電話は，$\{ab, cd\}$; $\{ac, be\}$; $\{ae, bc\}$; $\{ad\}$ になる．3ラウンド以下ではすべての秘密が全員に伝わることは不可能であることが，次の表によって簡単に確かめられる．

	a	b	c	d	e
	A	B	C	D	E
$\{ab, cd\}$	AB	AB	CD	CD	E
$\{ac, be\}$	$ABCD$	ABE	$ABCD$	CD	ABE
$\{ae, bc\}$	$ABCDE$	$ABCDE$	$ABCDE$	CD	$ABCDE$
$\{ad\}$	$ABCDE$	$ABCDE$	$ABCDE$	$ABCDE$	$ABCDE$

最初の2ラウンドの別の構成として，$\{ab, cd\}$; $\{ac, bd\}$; $\cdots$ とはじまるも

のがある．しかし，これでは，あと3ラウンドが必要になり，それゆえ，合計で5ラウンドになってしまう．これを最少のラウンドで完成させると，$\{ab, cd\}; \{ac, bd\}; \{ae\}; \{ab, ce\}; \{de\}$ となる．3回目のラウンドでは，e と誰かほかの友人との電話1本だけでそれ以外の電話はないことに注意しよう．この時点で，a, b, c, d はすでに e 以外の秘密をすべて知ってしまっていて，互いに電話をしても得るところがないからである．

第11章のパズル

Puzzle 49

アリスが「私は2を持っていない」と言った後，ボブが自分の勝ちだと言う．アリスの発言の結果，カードの配られ方201と210は除外される．アリスの発言によって起きる情報の変化は次のようになる．

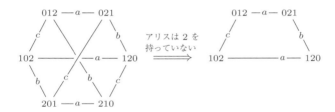

ここで，ボブはカードの配られ方が分かったと宣言する．カードの配られ方が012か102であれば，この宣言は正しく，カードの配られ方が021か120であれば，この宣言は正しくない．なぜなら，後者の二つの場合では，ボブは021と120を区別できないからである．それゆえ，ボブの宣言によって，021と120は除外される結果となる．その情報の変化は次のとおりである．

このゲームの最終状態では，キャスはまだカードの配られ方が分からない．

(キャスは，012 と 102 のどちらであるか分からないままである．)しかし，アリスは，カードの配られ方が分かるというボブの宣言から，カードの配られ方が分かる．アリスは，021 を除外することができるからである．

Puzzle 50

小麦，亜麻，ライ麦の 3 種類のカードそれぞれ 2 枚の合計 6 枚の束からアリス，ボブ，キャスが 2 枚ずつカードを持っている．実際のカードの配られ方は $wx.wy.xy$ である．3 人のプレーヤー全員が，それぞれ異なる種類の 2 枚を持っているようなカードの配られ方は 6 通りある．プレーヤーがほかのプレーヤーの何を知っているかを決めるためには，6 通りすべてが関連する．この情報のモデルは次のようになる．($wx.wy.xy$ が実際のカードの配られ方である．)

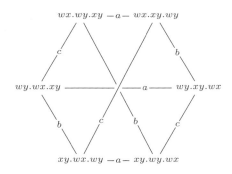

参考文献

[1] Albers, C. J., B. P. Kooi, and W. Schaafsma (2005). Trying to resolve the two-envelope problem. *Synthese* 145(1), 89-109.

[2] Albert, M., R. Aldred, M. Atkinson, H. van Ditmarsch, and C. Handley (2005). Safe communication for card players by combinatorial designs for two-step protocols. *Australasian Journal of Combinatorics* 33, 33-46.

[3] Alchourrón, C., P. Gardenfors, and D. Makinson (1985). On the logic of theory change: Partial meet contraction and revision functions. *Journal of Symbolic Logic* 50, 510-530.

[4] Attamah, M., H. van Ditmarsch, D. Grossi, and W. van der Hoek (2014). Knowledge and gossip. In *Proc. of 21st ECAI*, pp. 21-26. IOS Press.

[5] Aucher, G. (2005). A combined system for update logic and belief revision. In *Proc. of 7th PRIMA*, pp. 1-17. Springer. LNAI 3371.

[6] Aucher, G. (2010). Characterizing updates in dynamic epistemic logic. In *Proceedings of Twelfth KR*. AAAI Press.

[7] Aucher, G. and F. Schwarzentruber (2013). On the complexity of dynamic epistemic logic. In *Proc. of 14th TARK*.

[8] Aumann, R. (1976). Agreeing to disagree. *Annals of Statistics* 4(6), 1236-1239.

[9] Baltag, A. and L. Moss (2004). Logics for epistemic programs. *Synthese* 139, 165-224.

[10] Baltag, A. and S. Smets (2008). A qualitative theory of dynamic interactive belief revision. In *Proc. of 7th LOFT*, Texts in Logic and Games 3, pp. 13-60. Amsterdam University Press.

[11] Baltag, A., L. Moss, and S. Solecki (1998). The logic of public announcements, common knowledge, and private suspicions. In *Proc. of 7th TARK*, pp. 43-56. Morgan Kaufmann.

[12] Baltag, A., L. Moss, and S. Solecki (1999). The logic of public announcements, common knowledge, and private suspicions. Technical report, Centrum voor Wiskunde en Informatica, Amsterdam. CWI Report SEN-R9922.

[13] Barwise, J. (1981). Scenes and other situations. *Journal of Philosophy* 78(7), 369-397.

[14] Board, 0. (2004). Dynamic interactive epistemology. *Games and Economic Behaviour* 49, 49-80.

[15] Bonanno, G. (2005). A simple modal logic for belief revision. *Synthese* 147(2), 193-228.

[16] Born, A., C. Hurkens, and G. Woeginger (2006). The Freudenthal problem and its ramifications: Part (I). *Bulletin of the EATCS* 90, 175-191.

[17] Born, A., C. Hurkens, and G. Woeginger (2007). The Freudenthal problem and its ramifications: Part (II). *Bulletin of the EATCS* 91, 189-204.

[18] Born, A., C. Hurkens, and G. Woeginger (2008). The Freudenthal problem and its ramifications: Part (III). *Bulletin of the EATCS* 95, 201-219.

[19] Chow, T. (1998). The surprise examination or unexpected hanging paradox. *The American Mathematical Monthly* 105(1), 41-51.

[20] Conway, J., M. Paterson, and U. Moscow (1977). A headache-causing problem. In J. Lenstra (Ed.), *Een pak met een korte broek — Papers presented to H. W. Lenstra, Jr., on the occasion of the publication of his "Euclidische Getallenlichamen"*, Amsterdam. Private publication.

[21] Cordón-Franco, A., H. van Ditmarsch, D. Fernández-Duque, J. Joosten, and F. Soler-Toscano (2012). A secure additive protocol for card players. *Australasian Journal of Combinatorics* 54, 163-175.

[22] de Rijke, M. (1994). Meeting some neighbours. In J. van Eijck and A. Visser (Eds.), *Logic and information flow*, Cambridge MA, pp. 170-195. MIT Press.

［23］ Dégremont, C. (2011). *The Temporal Mind. Observations on the logic of belief change in interactive systems.* Ph. D. thesis, University of Amsterdam. ILLC Dissertation Series DS-2010-03.

［24］ Dehaye, P., D. Ford, and H. Segerman (2003). One hundred prisoners and a lightbulb. *Mathematical Intelligencer* 25(4), 53-61.

［25］ Dixon, C. (2006). Using temporal logics of knowledge for specification and verification - a case study. *Journal of Applied Logic* 4(1), 50-78.

［26］ Fagin, R., J. Halpern, Y. Moses, and M. Vardi (1995). *Reasoning about Knowledge.* MIT Press.

［27］ Fernández-Duque, D. and V Goranko (2014). Secure aggregation of distributed information. Online at http:/larxiv.org/abs/1407.7582.

［28］ Fischer, M. and R. Wright (1992). Multiparty secret key exchange using a random deal of cards. In *Proc. of 11th CRYPTO*, pp. 141-155. Springer.

［29］ French, T., W. van der Hoek, P. Iliev, and B. Kooi (2013). On the succinctness of some modal logics. *Artificial Intelligence* 197, 56-85.

［30］ Freudenthal, H. (1969). Formulation of the sum-and-product problem. *Nieuw Archief voor Wiskunde* 3(17), 152.

［31］ Freudenthal, H. (1970). Solution of the sum-and-product problem. *Nieuw Archief voor Wiskunde* 3(18), 102-106.

［32］ Friedell, M. (1969). On the structure of shared awareness. *Behavioral Science* 14, 28-39.

［33］ Friedman, N. and J. Halpern (1994). A knowledge-based framework for belief change - part i: Foundations. In *Proc. of 5th TARK*, pp. 44-64. Morgan Kaufmann.

［34］ Gamow, G. and M. Stern (1958). *Puzzle-Math.* Macmillan.〔邦訳：由良統吉訳『数は魔術師』，白揚社，1985〕

［35］ Gardner, M. (1977). The "jump proof" and its similarity to the toppling of a row of dominoes. *Scientific American* 236, 128, 131-132, 134-135.〔邦訳：一松信訳『落し戸暗号の謎解き』第3章「数学的帰納法と色つき帽子」，丸善，1992〕

［36］ Gardner, M. (1979). Mathematical games. *Scientific American* 241 (December), 20-24.〔邦訳：大熊正訳『数学ゲーム IV』（別冊サイエン

ス）第 1 章「パズルの精華」，日経サイエンス，1982〕Also addressed in the March (page 24) and May (pages 20-21) issues of volume 242, 1980.

［37］ Gardner, M. (1982). *aha! Gotcha: paradoxes to puzzle and delight*. W. H. Freeman and Company.〔邦訳：竹内郁雄訳『Aha! Gotcha: ゆかいなパラドックス 2』，日経サイエンス，2009〕

［38］ Gerbrandy, J. (1999). *Bisimulations on Planet Kripke*. Ph. D. thesis, University of Amsterdam. ILLC Dissertation Series DS-1999-01.

［39］ Gerbrandy, J. (2007). The surprise examination. *Synthese* 155(1), 21-33.

［40］ Gerbrandy, J. and W. Groeneveld (1997). Reasoning about information change. *Journal of Logic, Language, and Information* 6, 147-169.

［41］ Girard, P. (2008). *Modal logic for belief and preforence change*. Ph. D. thesis, Stanford University. ILLC Dissertation Series DS-2008-04.

［42］ Grimm, J. and W. Grimm (1814). *Kinder- und Hausmiirchen*. Reimer. Volume 1 (1812) and Volume 2 (1814).

［43］ Groeneveld, W. (1995). *Logical investigations into dynamic semantics*. Ph. D. thesis, University of Amsterdam. ILLC Dissertation Series DS-1995-18.

［44］ Halpern, J. and Y. Moses (1992). A guide t o completeness and complexity for modal logics of knowledge and belief. *Artificial Intelligence* 54, 319-379.

［45］ Halpern, J., R. van der Meyden, and M. Vardi (2004). Complete axiomatizations for reasoning about knowledge and time. *SIAM Journal on Computing* 33(3), 674-703.

［46］ Hardy, G. (1940). *A Mathematician's Apology*. Cambridge University Press.〔邦訳：柳生孝昭訳『ある数学者の生涯と弁明』，丸善出版，2012〕

［47］ Hedetniemi, S., S. Hedetniemi, and A. Liestman (1988). A survey of gossiping and broadcasting in communication networks. *Networks* 18, 319-349.

［48］ Hintikka, J. (1962). *Knowledge and Belief*. Cornell University Press.〔邦訳：永井成男，内田種臣訳『認識と信念——認識と信念の論理序説』，紀伊國屋書店，1975〕

[49] Holliday, W. and T. Icard (2010). Moorean phenomena in epistemic logic. In L. Beklemishev, V Goranko, and V Shehtman (Eds.), *Advances in Modal Logic* 8, pp. 178-199. College Publications.

[50] Hurkens, C. (2000). Spreading gossip efficiently. *Nieuw Archief voor Wiskunde* 5/1(2), 208-210.

[51] Isaacs, I. (1995). The impossible problem revisited again. *The Mathematical Intelligencer* 17(4), 4-6.

[52] Jaspars, J. (1994). *Calculi for Constructive Communication*. Ph. D. thesis, University of Tilburg. ILLC Dissertation Series DS-1994-4, ITK Dissertation Series 1994-1.

[53] Kirkman, T. (1847). On a problem in combinations. *Camb. and Dublin Math. J.* 2, 191-204.

[54] Knödel, W. (1975). New gossips and telephones. *Discrete Mathematics* 13, 95.

[55] Kooi, B. (2003). *Knowledge, Chance, and Change*. Ph. D. thesis, University of Groningen. ILLC Dissertation Series DS-2003-01.

[56] Kooi, B. and B. Renne (2011). Arrow update logic. *Review of Symbolic Logic* 4(4), 536-559.

[57] Kooi, B. and J. van Benthem (2004). Reduction axioms for epistemic actions. In R. Schmidt, I. Pratt-Hartmann, M. Reynolds, and H. Wansing (Eds.), *Preliminary Proceedings of AiML-2004*, University of Manchester, pp. 197-211.

[58] Kraitchik, M. (1943). *Mathematical Recreations*. George Allen & Unwin, Ltd.〔邦訳： 金沢養訳『100万人のパズル 上』, 白揚社, 1968〕

[59] Kvanvig, J. (1998). Paradoxes, epistemic. In E. Craig (Ed.), *Routledge Encyclopedia of Philosophy*, Volume 7, pp. 211-214. Routledge.

[60] Landman, F. (1986). *Towards a Theory of Information*. Ph. D. thesis, University of Amsterdam.

[61] Lewis, D. (1969). *Convention, a Philosophical Study*. Cambridge (MA): Harvard University Press.

[62] Lindström, S. and W. Rabinowicz (1999). DDL unlimited: dynamic doxastic logic for introspective agents. *Erkenntnis* 50, 353-385.

[63] Littlewood, J. (1953). *A Mathematician's Miscellany*. Methuen

and Company.

[64] Liu, A. (2004). Problem section: Problem 182. *Math Horizons* 11, 324.

[65] Liu, F. (2008). *Changing for the Better: Preforence Dynamics and Agent Diversity*. Ph. D. thesis, University of Amsterdam. ILLC Dissertation Series DS-2008-02.

[66] Lomuscio, A. and M. Ryan (1998). An algorithmic approach to knowledge evolution. *Artificial Intelligence for Engineering Design, Analysis and Manufacturing* 13(2), 119-132.

[67] Lutz, C. (2006). Complexity and succinctness of public announcement logic. In *Proc. of the 5th AAMAS*, pp. 137-144.

[68] Makarychev, K. and Y. Makarychev (2001). The importance of being formal. *Mathematical Intelligencer* 23(1), 41-42.

[69] McCarthy, J. (1990). Formalization of two puzzles involving knowledge. In V. Lifschitz (Ed.), *Formalizing Common Sense : Papers by john McCarthy*, Ablex Series in Artificial Intelligence. Ablex Publishing Corporation. original manuscript dated 1978-1981.

[70] Meyer, J.-J. and W. van der Hoek (1995). *Epistemic Logic for AI and Computer Science*. Cambridge University Press. Cambridge Tracts in Theoretical Computer Science 41.

[71] Moore, G. (1942). A reply to my critics. In P. Schilpp (Ed.), *The Philosophy of G.E. Moore*, pp. 535-677. Northwestern University. The Library of Living Philosophers (volume 4).

[72] Moses, Y., D. Dolev, and J. Halpern (1986). Cheating husbands and other stories: a case study in knowledge, action, and communication. *Distributed Computing* 1(3), 167-176.

[73] Mosteller, F. (1965). *Fifty Challenging Problems in Probability with Solutions*. Addison-Wesley.

[74] Nalebuff, B. (1989). The other person's envelope is always greener. *Journal of Economic Perspectives* 3(1), 171-181.

[75] O'Connor, D. (1948). Pragmatic paradoxes. *Mind* 57, 358-359.

[76] Plaza, J. (1989). Logics of public communications. In *Proc. of the 4th ISMIS*, pp. 201-216. Oak Ridge National Laboratory.

[77] Purvis, M., M. Nowostawski, S. Cranefield, and M. Oliveira

(2004). Multi-agent interaction technology for peer-to-peer computing in electronic trading environments. In G. Moro, C. Sartori, and M. Singh (Eds.), *AP2PC*, pp. 150-161. Springer. LNCS 2872.

[78] Quine, W. (1953). On a so-called paradox. *Mind* 62, 65-67.

[79] Regis, G. (1832). *Meister Franz Rabelais der Arzeney Doctoren Gargantua und Pantagruel, usw.* Barth.

[80] Sallows, L. (1995). The impossible problem. *The Mathematical Intelligencer* 17(1), 27-33.

[81] Scriven, M. (1951). Paradoxical announcements. *Mind* 60, 403-407.

[82] Segerberg, K. (1998). Irrevocable belief revision in dynamic doxastic logic. *Notre Dame Journal of Formal Logic* 39(3), 287-306.

[83] Segerberg, K. (1999). Two traditions in the logic of belief: bringing them together. In H. Ohlbach and U. Reyle (Eds.), *Logic, Language, and Reasoning*, Dordrecht, pp. 135-147. Kluwer Academic Publishers.

[84] Selvin, S. (1975a). On the Monty Hall Problem. *The American Statistician* 29(3), 134.

[85] Selvin, S. (1975b). A problem in probability. *The American Statistician* 29(1), 67.

[86] Shaw, R. (1958). The paradox of the unexpected examination. *Mind* 67, 382-384.

[87] Sietsma, F. (2012). *Logics of Communication and Knowledge.* Ph. D. thesis, University of Amsterdam. ILLC Dissertation Series DS-2012-11.

[88] Smullyan, R. (1982). *Lady or the Tiger? And Other Logic Puzzles Including a Mathematical Novel That Features Cödel's Great Discovery.* Random House.〔邦訳: 阿部剛久訳『数学パズル 美女か野獣か？——楽しみながらゲーデルの謎にせまる』, 森北出版, 1996〕

[89] Sorensen, R. (1988). *Blindspots.* Clarendon Press.

[90] Swanson, C. and D. Stinson (2014). Combinatorial solutions providing improved security for the generalized Russian cards problem. *Designs, Codes and Cryptography* 72(2), 345-367.

[91] Tijdeman, R. (1971). On a telephone problem. *Nieuw Archief voor Wiskunde* 3(19), 188-192.

[92] van Benthem, J. (1989). Semantic parallels in natural language and computation. In *Logic Colloquium '87*, Amsterdam. North-Holland.

[93] van Benthem, J. (1996). *Exploring logical dynamics*. CSLI Publications.

[94] van Benthem, J. (2007). Dynamic logic of belief revision. *Journal of Applied Non-Classical Logics* 17(2), 129-155.

[95] van Benthem, J. (2011). *Logical Dynamics of Information and Interaction*. Cambridge University Press.

[96] van Benthem, J., J. van Eijck, and B. Kooi (2006). Logics of communication and change. *Information and Computation* 204(11), 1620-1662.

[97] van Ditmarsch, H. (2000). *Knowledge games*. Ph. D. thesis, University of Groningen. ILLC Dissertation Series DS-2000-06.

[98] van Ditmarsch, H. (2002a). The description of game actions in Cluedo. In L. Petrosian and V. Mazalov (Eds.), *Game Theory and Applications*, Volume 8, pp. 1-28. Nova Science Publishers.

[99] van Ditmarsch, H. (2002b). Descriptions of game actions. *Journal of Logic, Language and Information* 11, 349-365.

[100] van Ditmarsch, H. (2002c). Het zeven-kaartenprobleem. *Nieuw Archief voor Wiskunde* 5/3(4), 326-332.

[101] van Ditmarsch, H. (2003). The Russian cards problem. *Studia Logica* 75, 31-62.

[102] van Ditmarsch, H. (2005). Prolegomena to dynamic logic for belief revision. *Synthese* 147, 229-275.

[103] van Ditmarsch, H. (2006). The logic of Pit. *Synthese* 149(2), 343-375.

[104] van Ditmarsch, H. (2007). Honderd gevangenen en een gloeilamp. *Nieuwe Wiskrant* 27(1), 15-18.

[105] van Ditmarsch, H. and B. Kooi (2005). Een analyse van de hangman-paradox in dynamische epistemische logica. *Algemeen Nederlands Tijdschrift voor Wijsbegeerte* 97(1), 16-30.

[106] van Ditmarsch, H. and B. Kooi (2006). The secret of my success. *Synthese* 151, 201-232.

[107] van Ditmarsch, H. and J. Ruan (2007). Model checking logic

puzzles. In *Quatrièmes journées Francophones MFI*, Paris, pp. 139-150. Annales du Lamsade, Université Paris Dauphine.

[108] van Ditmarsch, H., W. van der Hoek, and B. Kooi (2003). Concurrent dynamic epistemic logic. In V. Hendricks, K. Jørgensen, and S. Pedersen (Eds.), *Knowledge Contributors*, Dordrecht, pp. 45-82. Kluwer Academic Publishers. Synthese Library Volume 322.

[109] van Ditmarsch, H., J. Ruan, and R. Verbrugge (2007). Sum and product in dynamic epistemic logic. *Journal of Logic and Computation* 18(4), 563-588.

[110] van Ditmarsch, H., W. van der Hoek, and B. Kooi (2007). *Dynamic Epistemic Logic*, Volume 337 of *Synthese Library*. Springer.

[111] van Ditmarsch, H., J. van Eijck, and R. Verbrugge (2009). Publieke werken: Freudenthal's som-en-productraadsel. *Nieuw Archief voor Wiskunde* 5/10(2), 126-131.

[112] van Ditmarsch, H., J. van Eijck, and W. Wu (2010a). One hundred prisoners and a lightbulb — logic and computation. In F. Lin, U. Sattler, and M. Truszczynski (Eds.), *Proc. of KR 2010 Toronto*, pp. 90-100.

[113] van Ditmarsch, H., J. van Eijck, and W. Wu (2010b). Verifying one hundred prisoners and a lightbulb. *Journal of Applied Non-Classical Logics* 20(3), 173-191.

[114] van Ditmarsch, H., J. Halpern, W. van der Hoek, and B. Kooi (Eds.) (2015). *Handbook of epistemic logic*. College Publications.

[115] van Emde Boas, P., J. Groenendijk, and M. Stokhof (1984). The Conway paradox: Its solution in an epistemic framework. In *Truth, Interpretation and Information: Selected Papers from the Third Amsterdam Colloquium*, pp. 159-182. Faris Publications.

[116] van Linder, B., W. van der Hoek, and J.-J. Meyer (1995). Actions that make you change your mind. In A. Laux and H. Wansing (Eds.), *Knowledge and Belief in Philosophy and Artificial Intelligence*, Berlin, pp. 103-146. Akademie Verlag.

[117] van der Meyden, R. (1998). Common knowledge and update in finite environments. *Information and Computation* 140(2), 115-157.

[118] van Tilburg, G. (1956). Doe wei en zie niet om. *Katholieke*

Illustratie 90(32), 47. Breinbrouwsel 137.

[119] Veltman, F. (1996). Defaults in update semantics. *Journal of Philosophical Logic* 25, 221-261.

[120] vos Savant, M. (1990). Ask Marilyn. *Parade Magazine* (Sept 9), 15.

[121] Weiss, P. (1952). The prediction paradox. *Mind* 61, 265-269.

[122] Winkler, P. (2004). *Mathematical Puzzles: A Connoisseur's Collection*. AK Peters.〔邦訳: 坂井公, 岩沢宏和, 小副川健訳『とっておきの数学パズル』, 日本評論社, 2011〕

[123] Zabell, S. L. (1988a). Loss and gain: the exchange paradox. In J. M. Bernardo, M. H. DéGroot, D. V. Lindley, and A. F. M. Smith (Eds.), *Bayesian Statistics 3*, Oxford, pp. 233-236. Clarendon Press.

[124] Zabell, S. L. (1988b). Symmetry and its discontents. In B. Skyrms and W. Harper (Eds.), *Causation, Chance and Crecedence*. Kluwer Academic Publishers.

訳者あとがき

本書は Hans van Ditmarsch, Barteld Kooi 共著 *One Hundred Prisoners and a Light Bulb*（シュプリンガー，2015 年）の全訳である．共著者のひとり，ハンス・ファン・ディトマーシュは，CNRS（フランス国立科学研究センター）の上級研究員であり，ナンシーにある LORIA（ロレーヌ計算機科学・応用研究所）において認識論理に関する研究チームを率いている．もう一人の共著者，バーテルド・クーイは，フローニンゲン大学の論理学および議論学の特任教授である．

本書で取り上げられている 11 種類の問題は，いずれも有名であり，論理パズルに興味をおもちの読者であれば，どこかで目にしたことがあるだろう．これらを解説した第 11 章までは，専門用語をほとんど用いてはいないものの，共有知や状態間の識別可能性を考えることによって多くの問題に対して系統的な解き方が示されている．これは，まさに論理学の「学」たる所以であろう．

また，パズルでは一般的に出典が明記されず誰の創作か不明であることが多いなか，著者らは，かなりの労力を割いて，それぞれの問題の成り立ちについて詳しく調べあげている．素晴らしい問題を考案した先人への敬意を示すという意味でも，この調査結果は貴重である．ちなみに，第 3 章の「泥んこの子供たち」は，日本では，（その関連問題にあげられたパズル 18 のように）それぞれが 2 色の帽子のいずれか被せられて，自分の帽子の色だけは見えないという問題として出題されることが多い．この問題は，

昭和13年ごろ，量子力学に多大な貢献をした理論物理学者ディラックより物理学者の竹内時雄と木々高太郎（生理学者林髞のペンネーム）が聞いて日本に紹介したことで，一部では「ディラックの問題」として知られている．そして，木々高太郎は1940年に発表した短篇小説『海の見える窓』の中でこのパズルの扱っている．（出典：藤村幸三郎『パズルと推理1』ダイヤモンド社，1969，および高木茂男『奇蹟のパズル』ダイヤモンド社，1976）藤村幸三郎は，同種の問題を『最新數學パズルの研究』（研究社，1943）に載せており，この問題が掲載されたかなり初期の文献ということができる．

　翻訳に際して，原著者のファン・ディトマーシュ氏には，訳者の理解の足りない点について，電子メールで詳しくご教示いただいた．高島直昭氏には「3人の哲学者の問題」の出典をご教示いただいた．また，日本語版の編集にあたっては，日本評論社の飯野玲氏に大変お世話になった．そして，表紙および各章の冒頭には，シンプルな線から生み出されるウィットの利いた挿絵を平田利之氏に描いていただいた．これらの方々に感謝の意を表したい．

2016年秋　訳者

●著者

ハンス・ファン・ディトマーシュ
Hans van Ditmarsch
フランス国立科学研究センター上級研究員.

バーテルド・クーイ
Barteld Kooi
フローニンゲン大学特任教授.

●訳者

川辺治之
かわべ・はるゆき
1985年,東京大学理学部数学科卒業.
現在,日本ユニシス株式会社上席研究員.
訳書に『この本の名は?』『箱詰めパズル ポリオミノの宇宙』
『スマリヤンのゲーデル・パズル』(以上,日本評論社),
『ひとけたの数に魅せられて』(岩波書店),
『Aha! ひらめきの幾何学』(共立出版)など.

100人の囚人と1個の電球
知識と推論にまつわる論理パズル

2016年11月25日　第1版第1刷発行

著者	ハンス・ファン・ディトマーシュ
	バーテルド・クーイ
訳者	川辺治之
発行者	串崎 浩
発行所	株式会社　日本評論社
	〒170-8474　東京都豊島区南大塚3-12-4
	電話　(03)3987-8621 [販売]
	(03)3987-8599 [編集]
印刷	藤原印刷株式会社
製本	株式会社　松岳社
装丁	STUDIO POT(山田信也)
挿画	平田利之

Ⓒ Haruyuki KAWABE 2016
Printed in Japan
ISBN978-4-535-78828-2

JCOPY 〈(社)出版者著作権管理機構　委託出版物〉
本書の無断複写は著作権法上での例外を除き禁じられています.複写される場合は,そのつど事前に,(社)出版者著作権管理機構(電話 03-3513-6969, FAX 03-3513-6979, e-mail: info@jcopy.or.jp)の許諾を得てください.
また,本書を代行業者等の第三者に依頼してスキャニング等の行為によりデジタル化することは,個人の家庭内の利用であっても,一切認められておりません.

完全版
マーティン・ガードナー数学ゲーム全集

岩沢宏和・上原隆平[監訳]

数学パズルの世界に決定的な影響を与え続ける名コラム「数学ゲーム」を，パズル界気鋭の二人が邦訳．25年以上にわたり綴られた内容を一堂に収め，近年の進展についても拡充した決定版シリーズ．レクリエーション数学はこの本抜きには語れない．

1 ガードナーの数学パズル・ゲーム
フレクサゴン・確率パラドックス・ポリオミノ　　◆本体2,200円＋税

2 ガードナーの数学娯楽
ソーマキューブ・エレウシス・正方形の正方分割　　◆本体2,400円＋税

3 ガードナーの新・数学娯楽
球を詰め込む・4色定理・差分法　　◆本体3,000円＋税

以下続刊予定
4　ガードナーの予期せぬ絞首刑
5　ガードナーの数学ゲームをもっと
6　ガードナーの数学カーニバル
7　ガードナーの数学マジックショー
8　ガードナーの数学サーカス
9　ガードナーのマトリックス博士追跡
10　ガードナーの数学アミューズメント
11　ガードナーの数学エンターテインメント
12　ガードナーの数学の惑わし
13　ガードナーの数学ツアー
14　ガードナーの数学レクリエーション
15　ガードナーの最後の数学レクリエーション

日本評論社
https://www.nippyo.co.jp/